高等学校“十三五”实验实训规划教材

电化学实验

李栋　主编

李之锋　刘小林　姚文俐　张骞　副主编

北京

冶金工业出版社

2020

内 容 提 要

本书内容涉及化学电源、电镀、腐蚀与防护等方面的36个基础性和综合实验。本书旨在加深学生及电化学从业者对电化学实验知识的理解和掌握，从而提高其实验方案设计能力、实验操作能力和创新能力等。

本书可作为高等院校应用化学、电化学、材料科学等专业以及相关专业学生的实验课教学用书，也可供该专业领域的科研人员等阅读参考。

图书在版编目(CIP)数据

电化学实验/李栋主编.—北京：冶金工业出版社，2020.6

高等学校“十三五”实验实训规划教材

ISBN 978-7-5024-8273-2

Ⅰ.①电… Ⅱ.①李… Ⅲ.①电化学—化学实验—高等学校—教材 Ⅳ.①O6-334

中国版本图书馆CIP数据核字（2020）第221591号

出 版 人 苏长永

地 址 北京市东城区嵩祝院北巷39号 邮编 100009 电话 (010)64027926

网 址 www.cnmip.com.cn 电子信箱 yjcbs@cnmip.com.cn

责任编辑 王梦梦 美术编辑 郑小利 版式设计 禹 蕊

责任校对 郑 娟 责任印制 李玉山

ISBN 978-7-5024-8273-2

冶金工业出版社出版发行；各地新华书店经销；固安华明印业有限公司印刷

2020年6月第1版，2020年6月第1次印刷

787mm×1092mm 1/16；9.5印张；228千字；145页

39.00元

冶金工业出版社 投稿电话 (010)64027932 投稿信箱 tougao@cnmip.com.cn

冶金工业出版社营销中心 电话 (010)64044283 传真 (010)64027893

冶金工业出版社天猫旗舰店 yjgycbs.tmall.com

前　言

电化学实验与化学化工以及材料科学、生物学等学科有着非常密切的联系，随着电化学在化学电源（铅酸蓄电池、锂离子电池、全固态电池、锂空气电池、燃料电池等）、电催化、电化学合成、电镀、腐蚀与防护以及电化学分析等领域的广泛应用，电化学得到了快速发展。

电化学是一门建立在实验基础上的学科，具有很强的实践性，要求学生、技术人员具备良好的实验设计能力、动手能力以及对实验结果的分析能力。本实验教材主要涉及化学电源、电镀、腐蚀与防护等方面的基础性实验和综合实验，旨在加深学生和电化学从业者对电化学理论知识的理解和掌握，从而提高他们的实验方案设计能力、实验操作能力、创新能力以及独立处理科学问题的能力，为今后的科研和生产工作打下坚实的基础。

本书可供高等院校应用化学、电化学、材料等专业及相关专业的学生使用，也可供科研和现场生产技术人员等阅读参考。

本书在编写过程中参考了兄弟院校的电化学、电化学实验教材和国内外相关文献，在此向文献作者表示感谢。同时，非常感谢江西理工大学、江西省教育厅自然科学基金（GJJ190432）及国家自然科学基金（21865012、52064018）对本教材出版的大力支持。

由于编者学识水平所限，书中不足之处，诚恳同行专家和读者批评指正。

编　者

2019 年 12 月

目　　录

实验 1　银-氯化银参比电极的制备 …… 1

实验 2　阴极极化曲线的测量 …… 3

实验 3　线性极化技术测量电解水析氢过电位 …… 6

实验 4　阳极极化曲线的测定 …… 8

实验 5　线性极化测量腐蚀速率 …… 11

实验 6　线性极化技术测量铝合金表面纳米化前后腐蚀性能 …… 18

实验 7　恒电位方波法测粉末电极真实表面积 …… 21

实验 8　稳态恒电位法测量镍的阳极钝化行为 …… 24

实验 9　电位阶跃技术研究二氧化锰沉积的电化学行为 …… 28

实验 10　计时电量法研究 $NiCl_2(bpy)_3$（bpy：2，2-联吡啶）在 DMF 中的扩散系数 …… 32

实验 11　线性电势扫描伏安曲线研究氢和氧在铂电极上的吸附行为 …… 35

实验 12　恒电流暂态法测定电化学反应过程的速率常数与交换电流密度 …… 38

实验 13　电池体系中欧姆内阻的精确测量 …… 43

实验 14　循环伏安法测定电极反应过程及反应参数 …… 46

实验 15　质子交换膜燃料电池阴极催化剂 ORR 性能测试 …… 52

实验 16　双电层微分电容的测量及其在表面活性物质吸附研究中的应用 …… 55

实验 17　金属覆盖层电化学行为及界面防腐机理研究 …… 59

实验 18　电化学阻抗法研究偏高岭土水泥浆料的性能 …… 63

实验 19　柔性锂离子电池设计中交流阻抗测试方法的应用 …… 68

实验 20　添加剂对低温电解液性能影响研究 …… 73

实验 21　阳极溶出伏安法检测痕量金属 …… 77

实验 22　伏安法测定添加剂的整平能力 …… 80

实验 23　稳态扩散时反应粒子的扩散系数的测定 …… 83
实验 24　电镀液电流效率的测定 …… 87
实验 25　聚合物材料的表层电镀 …… 89
实验 26　铝合金表面的铜镍双镀层修饰 …… 92
实验 27　电合成制备复合 $ZnO\text{-}SnO_2$纳米粉及其光催化性能 …… 94
实验 28　电合成苯甲酸镍 …… 96
实验 29　循环伏安法和恒电位法合成聚苯胺 …… 99
实验 30　锌/二氧化锰纸板电池的组装与电化学性能测试 …… 103
实验 31　高镍正极材料 $LiNi_{0.8}Co_{0.1}Mn_{0.1}O_2$ 的制备与电池性能测试 …… 106
实验 32　电解抛光法制样 …… 123
实验 33　钢铁热碱氧化发蓝处理 …… 127
实验 34　铝阳极的电解着色 …… 130
实验 35　金属铁、镍的电化学腐蚀行为探讨 …… 134
实验 36　不同喷丸时间对硬质合金耐腐蚀性能的影响 …… 139
参考文献 …… 143
附录 …… 144

实验 1　银-氯化银参比电极的制备

1.1　实验目的

（1）理解参比电极的性能特征。
（2）掌握参比电板的工作原理与常用参比电极的种类。
（3）掌握常用参比电极的制备方法。

1.2　实验原理

参比电极就是在测量各种电极电势时被作为比较的参照电极。因参比电极的电势数值已知，将被测定的电极与参比电极构成电池，测定电池电动势，就可计算出被测定电极的电极电势。参比电极的电极反应必须是单一的可逆反应，电极电势也必须稳定和重现性好。

通常将多用微溶盐电极作为参比电极，氢电极只是一个理想的但不易于实现的参比电极，所以在实际应用中常选用其他电极作为参比电极，它们的氢标准电极电位是已知的。常用的参比电极有氢电极、甘汞电极、氧化汞电极、硫酸亚汞电极、氯化银电极等。在实际使用中应根据被测溶液的性质和浓度选择组成相同或相近的参比电极，如在含有 Cl^- 的溶液中可选用甘汞电极或氯化银电极；在硫酸或硫酸盐溶液中，可选用硫酸亚汞电极；在碱性溶液中可选用氯化汞电极。这种选择方法可使液接界电位减至最小程度，从而提高测量结果的准确性，并减少对参比电极的污染。

氯化银参比电极不会被极性化，可以提供精确的数据。由于实验室中使用汞越来越少，因此氯化银电极的应用越来越多。氯化银电极可以表示为 Ag|AgCl(s)，KCl(l)，其电极反应为：

$$Ag + Cl^- \rightleftharpoons AgCl(s) + e$$

$$\varphi = \varphi^{\ominus} - (RT/F)\ \ln a_{Cl^-}$$

氯化银电极平衡电位的数值取决于氯离子的活度 a_{Cl^-}。

1.3　实验主要仪器与试剂材料

整流电源，电镀槽，电解槽，银电极，0.1mol/L KCl 溶液，0.1mol/L HCl 溶液，8% HNO_3 溶液，丙酮银片，标准甘汞电极，去离子水，滤纸，297μm、147μm、74μm（50 目、100 目、200 目）砂纸。

1.4 实验步骤

实验步骤为:

(1) 先用 297μm(50 目)粗砂纸除去银电极表面的物质,再分别用 147μm(100 目)和 74μm(200 目)砂纸进行打磨,并用丙酮溶液清洗银电极,除去表面油污。

(2) 用水清洗银电极后,放入 8% HNO_3 溶液中 1min 左右除去表面氧化物。

(3) 清洗后,进行电镀银。控制镀液温度为 40~50℃,阳极用银片,阴极电流密度设为 0.1A/dm^2,电镀 30min,电镀线路如图 1-1 所示。

(4) 将镀好的银电极用蒸馏水洗净。再以银电极作为阳极,银片作为阴极,在 0.1mol/L 的 HCl 溶液中以阳极电流密度 0.1A/dm^2 进行电解,电解 30min,制得氯化银电极(表面为淡紫色)。取出用蒸馏水洗净,放在 0.1mol/L 的 KCl 溶液中浸泡。

(5) 取标准的甘汞电极作为基准,分别测量制备的 2 支参比电极的电极电位和两者之间的相对电位,测量线路如图 1-2 所示。

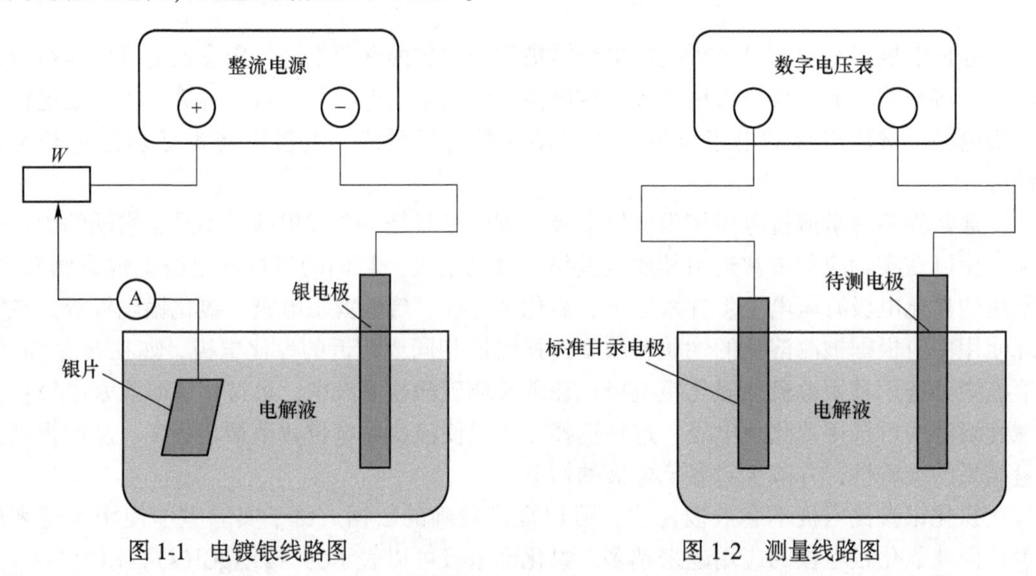

图 1-1 电镀银线路图　　图 1-2 测量线路图

1.5 思考题

以标准的甘汞电极为参比电极,测量制备的两支银/氯化银电极之间的电位差,分析引起电势差的影响因素。

实验 2　阴极极化曲线的测量

2.1　实验目的

（1）理解测量极化曲线的基本原理。

（2）掌握测定阴极极化曲线的实验方法。

（3）了解根据极化曲线分析溶液中添加剂作用及方法。

2.2　实验原理

在电化学科研中，很多电化学反应表现在电极的极化上，因此测量电极的极化曲线是很重要的研究方法。在电流通过电极与电解液间界面时，电极电位将偏离平衡电极电位，当电位向负向偏离时，称之为阴极极化，向正向偏离时，称之为阳极极化。在电镀工艺中，用测定阴极极化的方法研究电镀液各组分及工艺条件对阴极极化的影响，而阳极极化可用来研究阳极行为或腐蚀现象。

所谓极化曲线就是电位与电流密度之间的关系曲线。测量极化曲线的方法分为恒电流法和恒电位法，而每种方法又可以分为稳态法和暂态法。本实验是测量在碱性镀锌溶液中，香草醛光亮剂对阴极极化的影响。

2.3　实验主要仪器与试剂材料

电化学工作站 1 台，电解池 1 个。

ZnO，NaOH，香草醛，低碳钢电板（表面积为 $1cm^2$）1 块，锌电极 1 个，硫酸亚汞电极 1 个。

2.4　实验步骤

（1）配置电解液。按下列组成配置实验所需的电解质溶液：

1）ZnO 12g/L + NaOH 120g/L；

2）ZnO 12g/L + NaOH 120g/L + 香草醛 0.2g/L。

（2）测量阴极极化曲线。本实验采用 CHI 电化学工作站中的线性电位扫描法分别测量上述两种电解液中的阴极极化曲线：

1）接好线路。接好实验装置（如图 2-1 所示，一般红色夹头接辅助电极，白色夹头接参比电极，绿色夹头接工作电极）。

2）研究电极为低碳钢电极，将待测的电极用金相砂纸打磨，除去氧化膜，用丙酮洗涤除油后，用酒精和蒸馏水冲洗干净，再用滤纸吸干，放进电解池中。

3）电解池中的辅助电极为锌电极，参比电极为硫酸亚汞电极。

4）依次打开电化学工作站、计算机、显示器等的电源，预热30min后启动CHI760E软件。

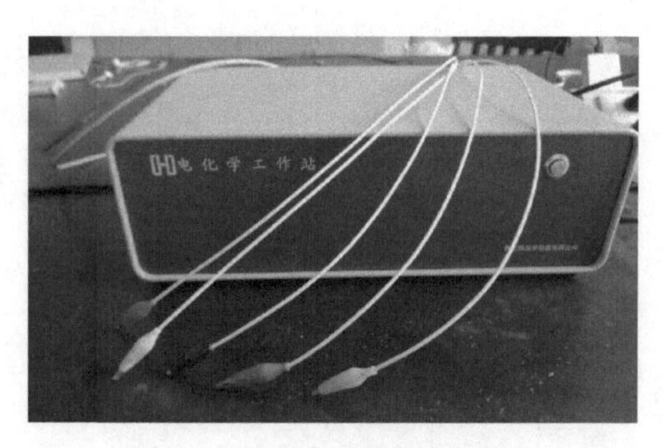

图2-1　CHI760E电化学工作站

5）执行“Control”菜单中的“Open Circuit Potential”命令，获得开路电压（见图2-2）。

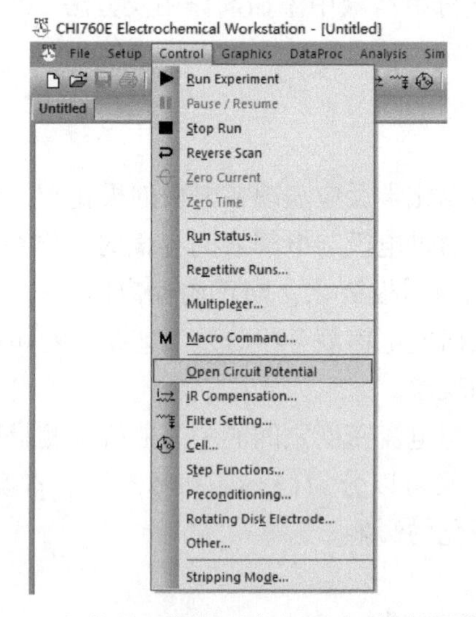

图2-2　电化学工作站开路电压测试软件操作图

6）在Setup菜单中点击“Technique”选项。在弹出菜单中选择“Linear Sweep Voltammetry”测试方法，然后点击OK按钮（见图2-3）。

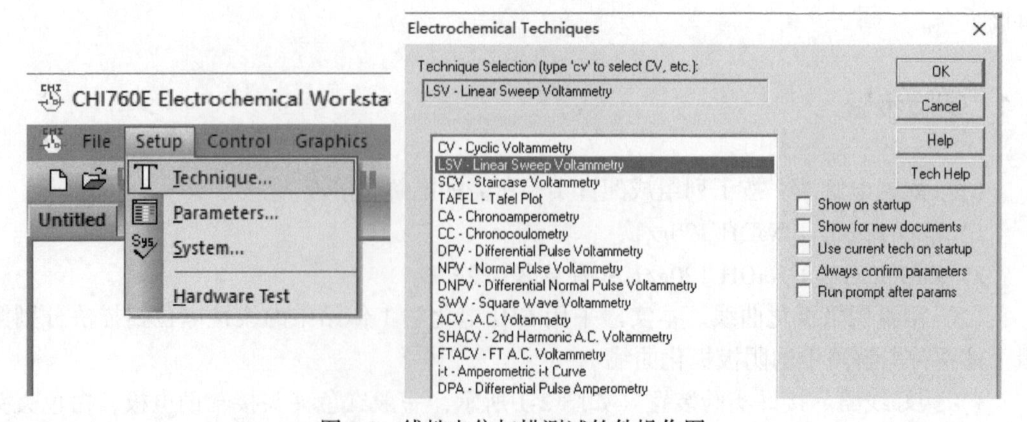

图2-3　线性电位扫描测试软件操作图

7）在 Setup 菜单中点击“Parameters”选项。在弹出菜单中输入测试条件：Init E（初始电位）为 −1.15V，Final E（终止电位）为 −2.2V，Scan Rate（扫描速率）为 0.003V/s，Sample Interval（取点间隔）为 0.001V，Quiet Time（静止时间）为 2s，Sensitivity（灵敏度）为 1×10^{-6}，选择 Auto-Sensitivity。然后点击 OK 按钮（见图 2-4）。

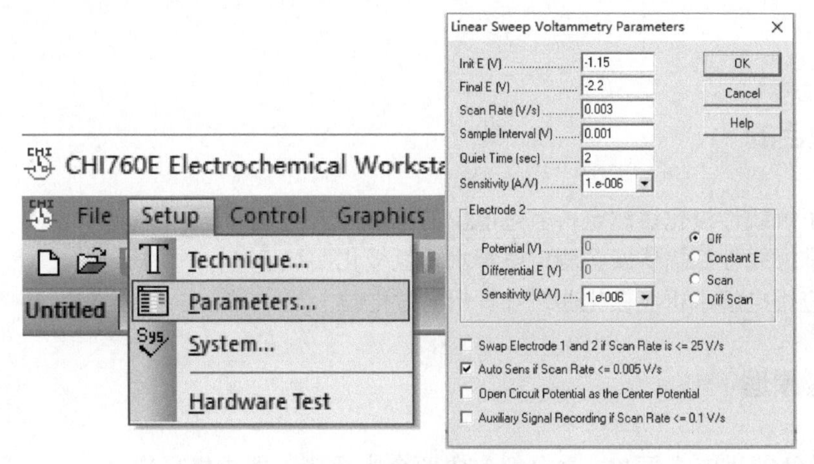

图 2-4　测试参数设置图

8）在 Control 菜单中点击“Run Experiment”选项，进行极化曲线的测量（见图 2-5）。

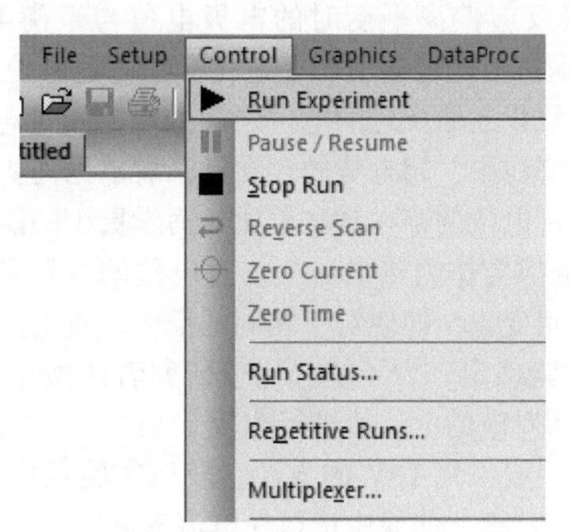

图 2-5　测试运行操作图

9）改变溶液组成，测试电极在第二种溶液中的阴极极化曲线，测试条件同上。

（3）实验完毕，关闭仪器，将研究电极清洗干净待用。

2.5　思考题

对比添加香草醛前后碱性镀锌溶液的两条阴极极化曲线，分析香草醛添加剂对极化曲线的影响。

实验 3　线性极化技术测量电解水析氢过电位

3.1　实验目的

（1）了解线性极化法测定析氢过电位的原理和方法。
（2）掌握线性扫描伏安法测定电解水析氢极化曲线。
（3）应用电解水析氢极化曲线计算析氢过电位。

3.2　实验原理

由水分解的反应式可知，水分解包含两个半反应，即析氧反应（OER）和析氢反应（HER）。析氧反应：$O^{2-}+2e \rightarrow \frac{1}{2} O_2 \uparrow$；析氢反应：$2H^{+}+2e \rightarrow H_2 \uparrow$。

电解水需要 1.23V 的外电压，用来克服水分解的势垒。过电位是电极的电位差值，又叫超电势，为一个电极反应偏离平衡时的电极电位与平衡电位的差值，无电流通过（平衡状态下）和有电流通过时电位差值。在电化学中，过电位是半反应的热力学确定的还原电位与实验观察到的氧化还原反应的电位之间的电位差（电压）。该物理量与电池的电压效率直接相关。在电解池中，超电势的存在意味着电池需要比热力学预期驱动反应更多的能量。在原电池中，过电位的存在意味着比热力学更少的能量被回收预测。在每种情况下，多余的/缺失的能量都会作为热量流失。过电位的数量是特定于每个单元设计的，并且在单元和操作条件之间变化，即使对于相同的反应。过电位通过测量实现给定电流密度（通常小）的电位来实验确定。为了统一比较研究者所做实验的结果，国际上采用在电流密度为 $10mA/cm^2$时所对应的电位值进行比较。

获得过电位的确定值一般采用 LSV 的方法，获取实验数据，然后通过绘图软件例如 Origin 绘制极化曲线，然后从极化曲线中读取在电流密度为 $10mA/cm^2$时所对应的电位值。

3.3　实验主要仪器与试剂材料

3.3.1　实验仪器

CHI760E 电化学工作站 1 台，三口 H 型电极瓶 1 个，对电极（石墨棒）1 根，参比电极（银/氯化银电极）1 个，工作电极（纯泡沫镍 1cm×1cm）1 片。

3.3.2　试剂及材料

试剂及材料有 1mol/L KOH，纯泡沫镍。

3.4 实验步骤

测量 1mol/L 的 KOH 析氢极化曲线，实验步骤如下：

(1) 清洗三电极瓶，装入 1mol/L 的 KOH 溶液。放入参比电极、对电极、工作电极。

(2) 接好线路，打开计算机的电化学工作站开关。在计算机桌面上用鼠标点击 CHI760E 软件图标，进入分析测试系统。

(3) 选择菜单中的"T"进入，选择菜单中的"Linear Sweep Voltammetry"，点击"OK"退出。

(4) 选择菜单中的"Parameters"进入试验参数设置。Insite E(V) 和 Final E(V) 分别设置为-0.8V 和-1.6V，Scan Rate (V/s) 为 0.005，Seneitivity (A/s) 为 1×10^{-3}。其余参数可选择自动设置。

(5) 选择菜单中"Run"开始扫描。

(6) 扫描结束后，保存数据为 TXT 格式。

(7) 进入 Origin 软件绘制极化曲线。

(8) 关闭工作站电源，取出电极，清洗干净，清洗三电极瓶，结束实验。

3.5 实验数据分析

实验数据处理与分析如下：

(1) 绘制极化曲线并根据极化曲线获得过电位。

如图 3-1 可知，在电流密度为 10mA/cm²时，即虚线与极化曲线的交点，纯 NF 的过电位是 250mV。

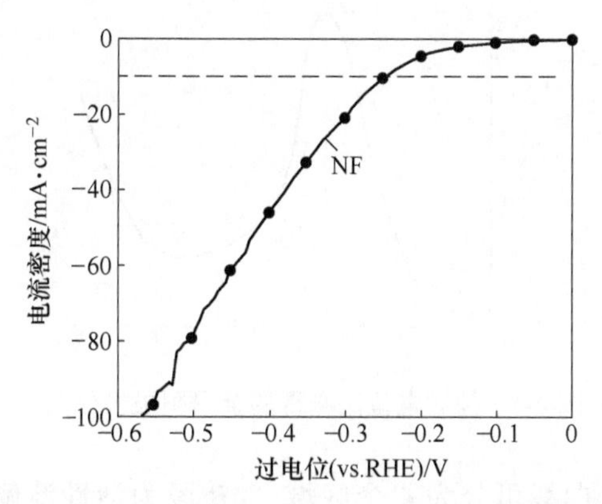

图 3-1　在 1mol/L KOH 溶液中 NF 的过电位极化曲线

(2) 试分析溶液 pH 值对析氢过电位的影响。根据能斯特方程 ($E_{RHE.} = E_{Ag/AgCl} + 0.098 + 0.059 \times pH$) 将电势转换为可逆氢电极。即可逆氢电极等于参比电极加 0.098 加 0.059 乘以 pH 值。过电位 (η) 根据公式 $\eta(V) = E_{RHE.} - 1.23V$ 可以计算得到。所以可以看出溶液的 pH 值对析氢过电位的影响是在碱性溶液中，氢过电位随 pH 值增加而减小。

实验 4　阳极极化曲线的测定

4.1　实验目的

（1）理解阳极极化曲线测试的基本原理和方法。

（2）测定镍电极在电解液中有无 Cl^- 存在条件下的阳极极化曲线。

（3）通过实验巩固对电极钝化与活化过程的理解。

4.2　实验原理

线性电位扫描法是指控制电极电位在一定的电位范围内，以一定的速度均匀连续变化，同时记录下各电位下反应的电流密度，从而得到电位-电流密度曲线，即稳态极化曲线。在这种情况下，电位是自变量，电流密度是因变量，极化曲线表示稳态电流密度与电位之间的函数关系：$i = f(\varphi)$。

线性电位扫描法可测定阴极极化曲线，也可测定阳极极化曲线。特别适用于测定电极表面状态有特殊变化的极化曲线，如测定具有阳极钝化行为的阳极极化曲线。用线性电位扫描法测得的阳极极化曲线如图 4-1 的曲线 *ABCD* 所示。

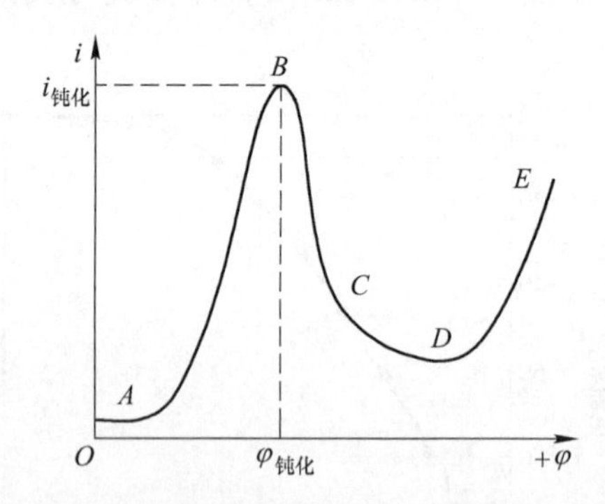

图 4-1　控制电位法测得的金属阳极极化曲线

由图 4-1 可知，整个曲线可分为 4 个区域，*AB* 段为活性溶解区，此时金属进行正常的阳极溶解，阳极电流随电位改变服从 Tafel 公式的半对数关系；*BC* 段为过渡钝化区，此时由于金属开始发生钝化，随电极电位的正移，金属的溶解速度反而减小了；*CD* 段为稳定钝化区，在该区域中金属的溶解速度基本上不随电位而改变；*DE* 段为过度钝化区，此时金属溶解速度重新随电位的正移而增大，为氧的析出或高价金属离子的生成。

从这种阳极极化曲线上可以得到下列一些参数：φ_c，临界钝化电位，i_c，临界钝化电流密度。这些参数用恒电流法是测不出来的。可见，线性电位扫描法对金属与溶液相互作用过程的描述是相当详尽的。

从上述极化曲线可以看出，具有钝化行为的阳极极化曲线的一个重要特点是存在着所谓“负坡度”区域，即曲线的*BCD*段。由于这种极化曲线上每一个电流值对着几个不同的电位值，故具有这样特性的极化曲线是无法用恒电流法测得的。因而线性电位扫描法是研究金属钝化的重要手段，用线性电位扫描法测得的阳极极化曲线可以研究影响金属钝化的各种因素。影响金属钝化的因素很多，主要有以下3个方面。

（1）溶液的组成。溶液中存在的H^+、卤素离子以及某些具有氧化性的阴离子，对金属的钝化行为有着显著的影响。在酸性和中性溶液中随着H^+浓度的降低，临界钝化电流密度减小，临界钝化电位也向负方向移动。卤素离子，尤其是Cl^-则妨碍金属的钝化过程，并能破坏金属的钝态，使溶解速率大大增加。某些具有氧化性的阴离子（如CrO_4^-等）则可促进金属的钝化。

（2）金属的组成和结构。各种金属的钝化能力不同。以铁族金属为例，其钝化能力的顺序为Cr>Ni>Fe。在金属中加入其他组分可以改变金属的钝化行为，如在铁中加入镍和铬可以大大提高铁的钝化倾向及钝态的稳定性。

（3）外界条件。温度、搅拌对钝化有影响。一般来说，提高温度和加强搅拌都不利于钝化过程的发生。

4.3　实验主要仪器与试剂材料

CHI电化学工作站1台，镍电极（单面表面积为$1cm^2$，另一面用石蜡封住）1个，硫酸亚汞电极1个，铂电极1个。

试剂及材料分别有0.5mol/L H_2SO_4溶液，0.5mol/L H_2SO_4+ 0.005mol/L KCl溶液，0.5mol/L H_2SO_4+0.05mol/L KCl。

4.4　实验步骤

（1）配置以下3种电解质溶液：

（1）0.5mol/L H_2SO_4溶液中的阳极极化曲线。

（2）0.5mol/L H_2SO_4+0.005mol/L KCl溶液中的阳极极化曲线。

（3）0.5mol/L H_2SO_4+0.05mol/L KCl溶液中的阳极极化曲线。

（2）测量阳极极化曲线。采用线性电位扫描法分别测量镍在上述3种溶液中的极化曲线。

1）接好实验装置（如图2-1所示，一般红色夹头接辅助电极，白色夹头接参比电极，绿色夹头接工作电极）。其中，电位扫描范围为-0.2~1.7V；扫描速率为5mV/s。

2）将待测镍电极的一面用金相砂纸打磨，除去氧化膜，用丙酮洗涤除油。再用酒精擦洗后采用蒸馏水冲洗干净，用滤纸吸干，放进电解池中。电解池中的辅助电极为铂电极，参比电极为硫酸亚汞电板，电解池中注入0.5mol/L H_2SO_4溶液。

3）依次打开电化学工作站、计算机、显示器等电源，预热30min后启动CHI760E软件（见图2-1）。

4）在“Setup”的菜单中执行“Technique”命令，在显示的对话框中选择“Open Circuit Potential -Time”，获得稳定的自然电位（见图 4-2）。

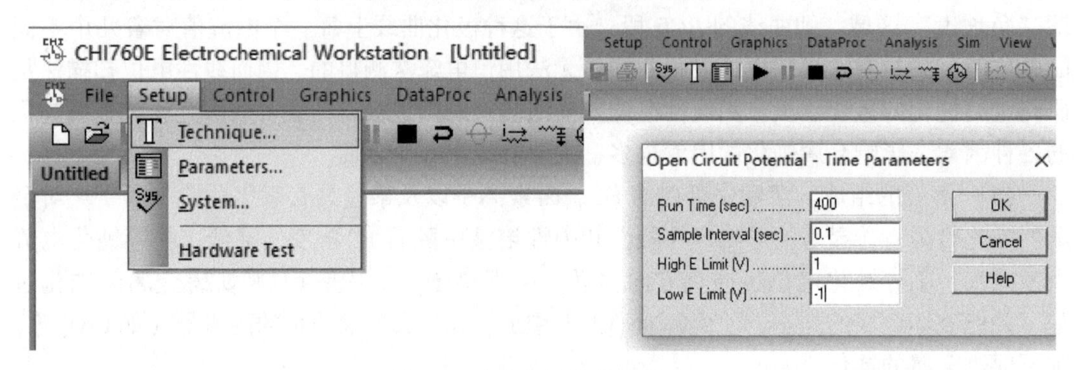

图 4-2　电位测试软件操作图

5）在 Setup 菜单中点击“Technique”选项，在弹出菜单中选择“Linear Sweep Voltammetry”测试方法，然后点击 OK 按钮（见图 4-3）。

6）在 Setup 菜单中点击“Parameters”选项。在弹出菜单中输入测试条件：Init E 为 −0. 2V，Final E 为 1. 6V，Scan Rate 为 0. 005V/s，Sample Interval 为 0. 001V，Quiet Time 为 2s，Sensitivity 为 1×10^{-6}，选择 Auto-sensitivity。然后点击 OK 按钮，软件使用方法如实验 2 所示。

7）在 Control 菜单中点击“Run Experiment”选项，进行极化曲线的测量，软件使用方法如实验 2 所示。

（3）改变溶液组成，测试镍电极在 0. 005mol/L KCl+0. 5mol/L H_2SO_4溶液中的阳极极化曲线，测试条件同上。

（4）实验完毕，关闭仪器，将研究电极清洗干净待用。

4.5　思考题

（1）如何获得 3 个体系的临界钝化电位和临界钝化电流密度。

（2）对比 3 条曲线，分析不同电解液体系中，镍阳极极化曲线有何异同，并说明影响极化曲线的因素。

实验5　线性极化测量腐蚀速率

5.1　实验目的

（1）熟悉电化学线性极化法测量金属腐蚀速率的原理。

（2）掌握电位扫描测试不锈钢在不同介质中的塔菲尔曲线，并计算极化电阻与腐蚀电流。

（3）分析不同介质对不锈钢腐蚀速率的影响。

5.2　实验原理

金属腐蚀的大部分过程为电化学腐蚀，在腐蚀过程中发生如下反应：

阳极：
$$M - ne^- \longrightarrow M^{n+} \tag{5-1}$$

阴极：
$$v_O O + ne^- \longrightarrow v_R R \tag{5-2}$$

电化学反应：
$$v_O O + M \longrightarrow v_R R + M^{n+} \tag{5-3}$$

式中，M 为金属；O 为物质的氧化态；R 为物质的还原态。

根据电极能斯特方程可知：不同的金属对于同一种电解质溶液通常表现出不同的电极电位，如果按发生电化学反应从高到低的顺序进行排列，就可得到金属在某种溶液中发生腐蚀时的电位顺序；并可以根据两金属在腐蚀时的电位顺序，判断在该电解液中，金属可能发生腐蚀的先后、难易关系。金属作为阳极被腐蚀时，失去的电子愈多则流出的电量愈大，金属溶解的也就愈多，溶解量或腐蚀量之间的关系服从法拉第定律。

$$m = \frac{QM}{nF} = \frac{It_1 M}{nF} \tag{5-4}$$

$$v = \frac{m}{St_2} = \frac{3600IM}{SnF} \tag{5-5}$$

式中，m 为金属的溶解质量，g；Q 为产生的电量，C；M 为腐蚀金属的原子量，g/mol；n 为 1mol 反应产生得失电子数，mol；I 为腐蚀电流，A；t_1 为腐蚀时间，s；t_2 为腐蚀时间，h；F 为法拉第常数，96500C/mol；v 为腐蚀速率，g/(m^2·h)；S 为腐蚀面积，m^2。

$$v = \frac{M}{nF} i_{corr} = 3.73 \times 10^{-4} \frac{M}{n} i_{corr} \tag{5-6}$$

金属的腐蚀速率若用腐蚀电流密度 i_{corr} 来表示，单位为 μA/cm^2，它们之间的关系可以用式（5-6）表示。

极化电位与极化电流或极化电流密度之间的关系曲线称为极化曲线。极化曲线在金属腐蚀研究中有重要的意义。测量腐蚀体系的阴阳极极化曲线可以揭示腐蚀的控制因素及缓蚀剂的作用机理。在腐蚀电位附近积弱极化区可以快速求得腐蚀速度。还可以通过极化曲线的测量获得阴极保护和阳极保护的主要参数。极化曲线如图 5-1 所示，在极化曲线图中，同时绘有金属阳极氧化和阴极还原的极化曲线。两条极化曲线交点的横坐标 i_{corr} 即为腐蚀电流密度，纵坐标 E_{corr} 是腐蚀电位。由极化曲线图 5-1 可知，交点的位置即腐蚀电流大小取决于极化曲线的走向。在阴极极化严重的情况下，腐蚀过程为阴极控制（见图 5-1（a））；若阳极极化起主导作用，则为阳极控制（见图 5-1（b））；在阴极和阳极为同一数量级的场合，则为混合控制（见图 5-1（c））。

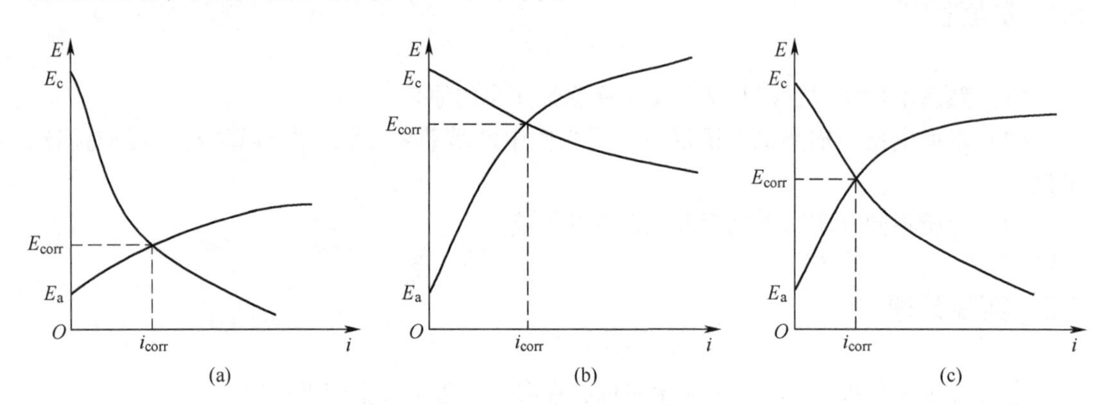

图 5-1　电流与电极电位的关系

（a）阴极控制；（b）阳极控制；（c）混合控制

阳极反应的电流密度以 i_a 表示，阴极反应的速度以 i_c 表示，当体系达到稳定时，即金属处于自腐蚀状态时，$i_a = i_c = i_{corr}$（i_{corr} 为腐蚀电流），体系不会有净的电流积累，体系处于一稳定电位 φ_c。根据公式（5-6）可知：阴阳极反应的电流密度代表阴阳极反应的腐蚀速度。金属自腐蚀状态的腐蚀电流密度即代表了金属的腐蚀速度，金属处于自腐蚀状态时，外测电流为零。

在活化极化控制下，金属腐蚀速度的一般方程式为：

$$I = i_a - i_c = i_{corr}\left[\exp\left(\frac{\varphi - \varphi_c}{\beta_a}\right) - \exp\left(\frac{\varphi_c - \varphi}{\beta_k}\right)\right] \tag{5-7}$$

式中，I 为外测电流密度也称为极化电流密度；i_a 为金属阳极溶解的速度；i_c 为氧化态物质被还原的速度；β_a、β_k 分别为金属阳极溶解和氧化态物质被还原的自然对数塔菲尔斜率。

令 $\Delta E = \varphi - \varphi_c$，$\Delta E$ 称为腐蚀金属电极的极化值。

$$I = i_{corr}\left[\exp\left(\frac{\Delta E}{\beta_a}\right) - \exp\left(\frac{-\Delta E}{\beta_k}\right)\right] \tag{5-8}$$

当对电极进行阳极极化，在强极化区，

$$I = i_a = i_{corr}\exp\left(\frac{\Delta E}{\beta_a}\right) \tag{5-9}$$

对数形式：

$$\Delta E = \beta_a \ln\frac{I}{i_{corr}} = b_a \lg\frac{I}{i_{corr}} \tag{5-10}$$

当对电极进行阴极极化，$\Delta E<0$，在强极化区，

$$I = -i_{corr}\exp\left(\frac{-\Delta E}{\beta_k}\right) \tag{5-11}$$

对数形式：

$$-\Delta E = \beta_k \ln\frac{|I|}{i_{corr}} = b_k \lg\frac{|I|}{i_{corr}} \tag{5-12}$$

强极化区，极化值与外测电流满足塔菲尔关系式，如果将极化曲线上的塔菲尔区外推到腐蚀电位处，得到的交点坐标就是腐蚀电流，如图 5-2 所示。

根据斯特恩（Stern）和盖里（Geary）的理论推导，对于活化控制的腐蚀体系，极化阻力（$R_r=\Delta E/\Delta i$）与腐蚀电流之间存在如下关系：

$$R_p = \frac{\Delta E}{\Delta i} = \frac{b_a b_c}{2.303(b_a + b_c)} \times \frac{1}{i_{corr}} \tag{5-13}$$

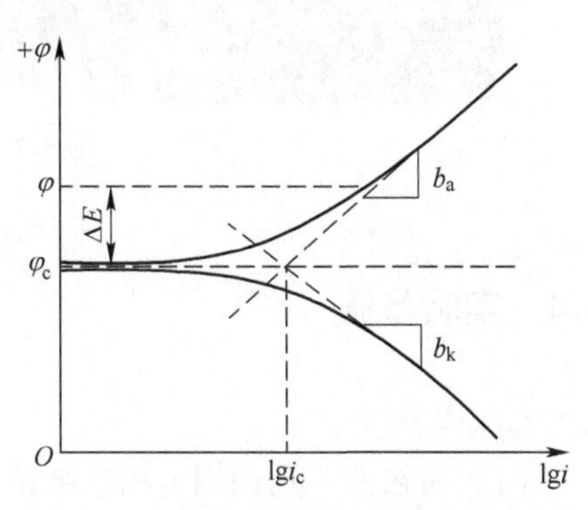

图 5-2　电流的对数与电极电位的关系

式中，R_p为极化电阻率，$\Omega \cdot cm^2$；ΔE 为极化电位，V；Δi 为极化电流密度，A/cm^2；i_{corr}为金属的腐蚀电流密度，A/cm^2；b_a、b_c分别为阳极和阴极的 Tafel 常数，即两条外延直线的斜率。

式（5-13）还包含了腐蚀体系的两种极限情况：

（1）当局部的阳极反应受活化控制，而局部阴极反应受扩散控制时 $b_c \to \infty$，则式（5-13）简化为：

$$R_p = \frac{\Delta E}{\Delta i} = \frac{b_a}{2.303} \times \frac{1}{i_{corr}} \tag{5-14}$$

（2）当局部阴极反应受活化控制，而局部阳极反应受钝化控制时（如不锈钢在饱和氧介质中）$b_a \to \infty$，则式（5-13）简化为：

$$R_p = \frac{\Delta E}{\Delta i} = \frac{b_c}{2.303} \times \frac{1}{i_{corr}} \tag{5-15}$$

对一定腐蚀体系，b_a、b_c为常数，令 $K = \dfrac{b_a b_c}{2.3(b_a + b_c)}$ 常数，则式（5-13）、至（5-15）可简化为

$$R_p = \frac{\Delta E}{\Delta i} = \frac{K_x}{i_{corr}} \tag{5-16}$$

或

$$i_{corr} = K_x / R_r \tag{5-17}$$

5.3　实验主要仪器与试剂材料

CHI760E 电化学工作站（见图 5-3），304 不锈钢片状电极（研究电极，只露一面作为工作面，其他面均用环氧树脂覆盖）2 个，硫酸亚汞电极或饱和甘汞电极（参比电极）

1 个，铂片电极（辅助电极）1 个，烧杯 1 个，0.2mol/L H_2SO_4，在含 Cl^- 的 0.2mol/L H_2SO_4，去离子水，丙酮，金相砂纸。

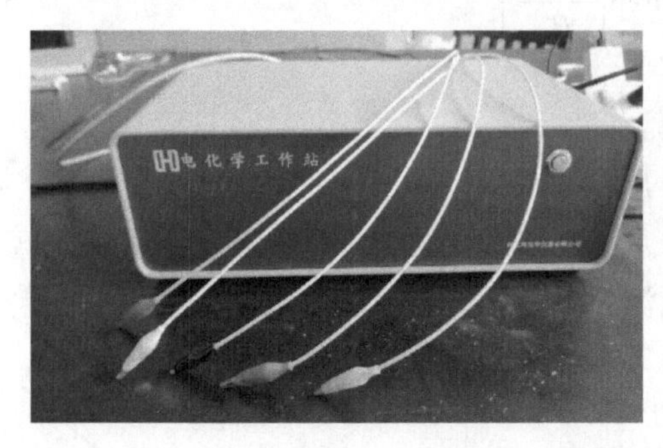

图 5-3　CHI760E 电化学工作站

5.4　实验步骤

实验步骤为：

（1）将被测不锈钢用金相砂纸抛光，并用丙酮除油，用去离子水洗净备用。

（2）接好实验装置（一般红色夹头接辅助电极，白色夹头接参比电极，绿色夹头接工作电极）。

（3）依次打开电化学工作站、计算机、显示器等电源，预热 30min 后启动 CHI760E 软件。

（4）执行“Control”菜单中的“Open Circuit Potential”命令，获得开路电压（见图 2-2）。

（5）在“Setup”的菜单中执行“Technique”命令，在显示的对话框中选择“Tafel Plot”进入参数设置界面（如未出现参数设置界面，再执行“Setup”菜单中的“Parameters”命令进入参数设置界面）（见图 5-4）。

（6）执行“Control”菜单中的“Run Experiment”命令，或者快捷键“▶”，开始极化实验（见图 5-5）。

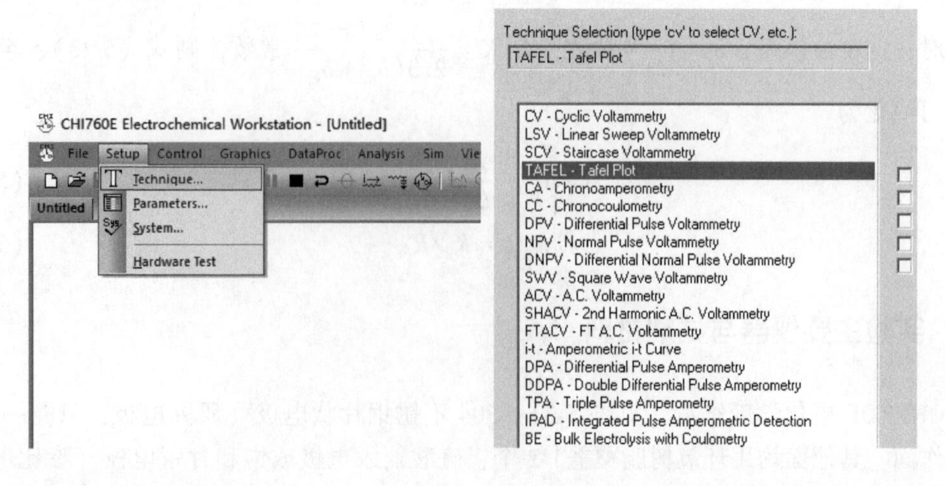

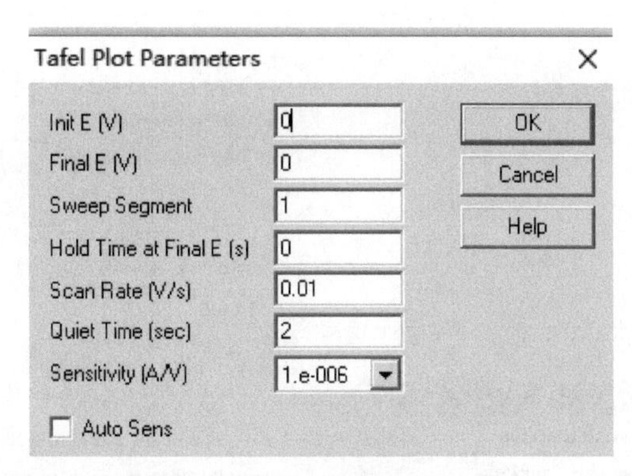

图5-4　CHI760E软件测试开路电压界面图Ⅰ

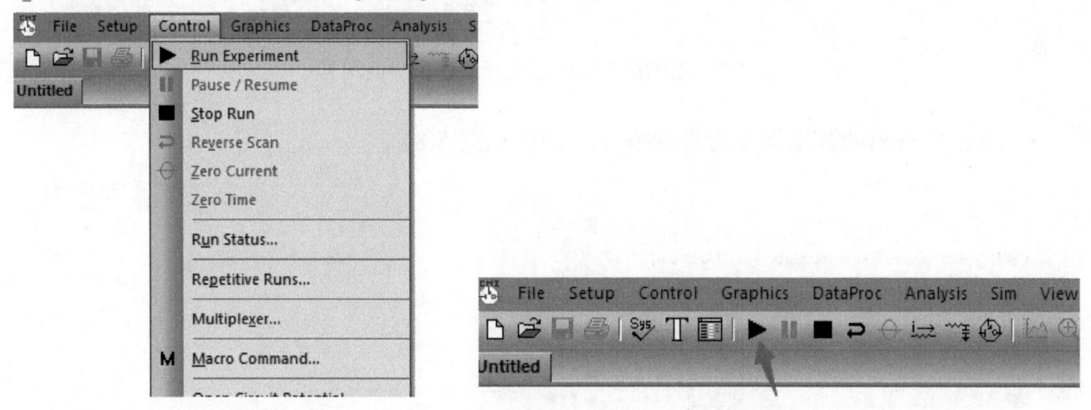

图5-5　CHI760E软件测试开路电压界面图Ⅱ

（7）扫描结束，选择菜单中的“Graphics”进入，选择“Graph Option”进入，在“Data”选择“Current”进入图形，取$\Delta\varphi$和对应的Δi，由$\Delta\varphi/\Delta i=R_r$计算出极化电阻（见图5-6）。

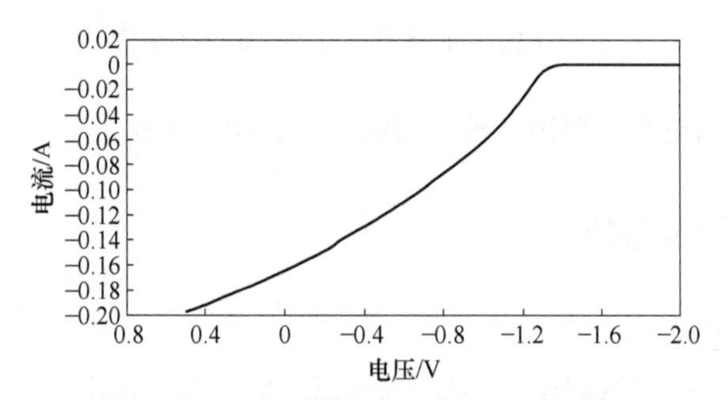

图5-6　CHI760E软件测试开路电压界面图Ⅲ

（8）进入“Analysis”，选择菜单中“Special Analysis”进入，点击“Calculate"得出阴极Tafel斜率、阳极Tafel斜率和腐蚀电流（操作见图5-7）。

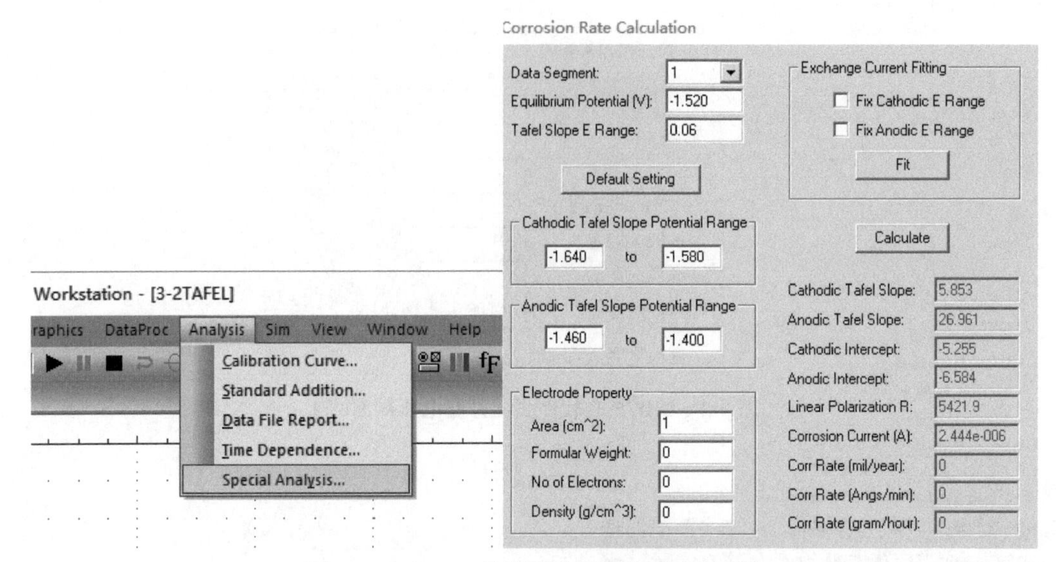

图 5-7 CHI760E 软件测试开路电压界面图Ⅳ

（9）将测出的数据保存为目标格式（操作见图 5-8）。

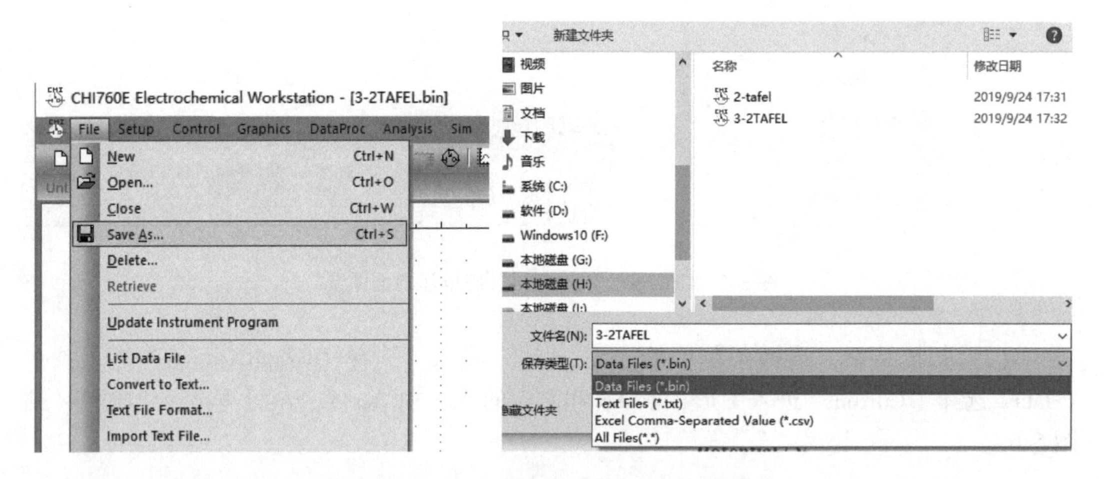

图 5-8 CHI760E 软件测试开路电压界面图Ⅴ

（10）关闭工作站电源，取出电极，清洗干净，结束实验。

5.5 实验数据处理及分析

（1）计算极化电阻。

（2）分析阴极 Tafel 曲线斜率、阳极 Tafel 曲线斜率和腐蚀电流。

（3）如果两条切线能相交，交点对应的电流即是腐蚀电流密度 $i_{腐}$，比较与用 Stern 公式计算出的腐蚀电流密度 $i_{腐}$ 的差异。

实验注意事项：线性极化范围的选择（$\Delta E \leqslant \pm 10$mV）。

5.6 思考题

(1) R_p为什么被称为线性极化电阻率？

(2) i_a、i_c、I 三者之间的关系，以及代表的含义？

实验 6　线性极化技术测量铝合金表面纳米化前后腐蚀性能

6.1　实验目的

(1) 了解线性极化法测定金属腐蚀速度的原理和方法。
(2) 掌握电位扫描法测定塔菲尔曲线。
(3) 应用塔菲尔曲线计算铝合金表面纳米化前后的极化电阻、斜率和腐蚀电流。

6.2　实验原理

以测量铝合金表面纳米化在氯化钠溶液中的腐蚀为例。

从电化学的基础理论可知，铝合金在 pH 值接近中性的普通水介质中，例如淡水、海水或热力学上可测湿度的介质中，发生两种反应：

$$Al - 3e = Al^{3+}$$

$$3H^{+} + 3e = 3/2\ H_2\uparrow$$

$$Al + 3H^{+} = Al^{3+} + 3/2\ H_2\uparrow$$

或者

$$Al + 3H_2O = Al(OH)_3\downarrow + 3/2\ H_2\uparrow$$

如果外电路无电流流过时，Al 的阳极溶解速度与表面氢的逸出速度相等，该速度就是铝合金的腐蚀速度，用电流密度 $i_{腐}$ 表示，此时铝合金的电位即腐蚀电位 $\varphi_{腐}$。

$i_{腐}$ 和 $\varphi_{腐}$ 可以通过测定铝合金表面纳米化在氯化钠溶液中的阴极和阳极的 Tafel 曲线，并将两条曲线的直线段外延相交求得，交点所对应的电流是 $i_{腐}$，电位是 $\varphi_{腐}$。通常根据极化电阻 R_p 的测量值来判断腐蚀体系的腐蚀速率的大小。腐蚀金属电极的极化曲线在腐蚀电位 $\varphi_{腐}$ 处切线的斜率称为该腐蚀金属电极的“极化电阻”。

上述方法在实际应用时，有时两条曲线的外延线交点不准确，给精确测量带来很大的误差。本实验采用线性极化法测定腐蚀速度。线性极化的含意就是指在腐蚀电位附近，当 $\Delta\varphi \leqslant 10mV$ 时，极化电流 i 与极化电位 $\Delta\varphi$ 之间存在着线性规律，推导详细内容见实验 5。对于由电化学步骤控制的腐蚀体系，存在下列关系式（6-1），即线性极化法的 Stern 公式：

$$i_{腐} = \frac{i}{\Delta\varphi}\left[\frac{b_a \cdot b_k}{2.303(b_a + b_k)}\right] \tag{6-1}$$

式中，$i/\Delta\varphi$ 的倒数称为极化电阻 $R_p = \Delta\varphi/i$；b_a 和 b_k 分别为阳极和阴极的 Tafel 常数，即两条外延直线的斜率。

根据上述的基本原理，测量腐蚀体系的极化电阻 R_p 和 Tafel 曲线的 b_a 和 b_k。

6.3　实验主要仪器与试剂材料

计算机 1 台，电化学分析仪（CHI760E）一台，纳米化前后的 1cm^2 铝合金各 1 片（铝合金一面用环氧树脂封固绝缘），辅助电极（铂片电极）1 片，参比电极（甘汞电极）1 个，3. 5% NaCl 溶液。

6.4　实验步骤

实验步骤为：

（1）清洗容器，装入 3. 5%的 NaCl 溶液。放入参比电极、辅助电极、研究电极。研究电极放入容器前，要用细砂纸打磨至光亮，水洗后用丙酮除油再放入容器。

（2）接好线路，打开计算机和电化学分析仪开关，进入 CHI760E 分析测试系统。

（3）选择菜单中的“T”（Technique）实验技术进入，选择菜单中的“TAFEL-Tafel Plot”，点击“OK”退出。

（4）选择菜单中的“Control”（控制）进入，选择菜单中的 Open Circuit Potential 得出给定的开路电压退出。

（5）选择菜单中的“Parameters”（实验参数）进入实验参数设置。“Init E（V）”（初始电位）和“Final E（V）”终止电位，应根据给定的开路电压±（0. 25 ~ 0. 5）V 来确定。“Scan Rate（V/s）”扫描速度为 0. 0005 ~ 0. 001。其余的参数可选择自动设置。

（6）选择菜单中的“▶”Run 开始扫描。

（7）扫描结束，选择菜单中的“Graphics”（图形）进入，选择“Graph Option”进入，在“Data”选择“Current”（电流）进入图形，取 $\Delta\varphi$ 和对应的 ΔI，$\Delta\varphi/\Delta I=R_p$，计算出极化电阻。

（8）进入“Analysis”（分析），选择菜单中“Special Analysis”（特殊分析）进入，点击“Calculate”（计算）得出阴极 Tafel 斜率、阳极 Tafel 斜率和腐蚀电流。

（9）将测出的数据存盘。

（10）关闭电源，取出研究电极，清洗干净，结束实验。

6.5　思考题

（1）平衡电极电位、自腐蚀电位有何不同。

（2）为什么可以用自腐蚀电流 i_{corr} 来代表金属的腐蚀速度？

6.6　实验结果分析示例

图 6-1 中曲线 USRP、Original 分别为表面纳米化前后铝合金的极化曲线，可以明显的看出表面纳米化后的铝合金腐蚀电位比原样高，这预示着超声滚压改善了铝合金的腐蚀性

能。除此之外，还可以看出滚压前后的铝合金极化曲线趋势相同，两者都是在阴极区域，腐蚀电流密度随电位的升高而逐渐减小，减小到最小值，进入阳极区域，腐蚀电流密度开始逐渐增加，而后开始发生钝化，钝化膜破裂，腐蚀电流密度急剧升高。虽然两者的极化曲线趋势相同，但它们的自腐蚀电位与电流密度不同。超声滚压后，铝合金的自腐蚀电位从-1.33V提高到了-1.2V。腐蚀电流密度通过塔菲尔极化曲线外推法求得，纳米化的铝合金自腐蚀电流密度为0.48μA/cm²，较原样2.38μA/cm²，降低了79.83%，腐蚀速率明显降低。滚压前后铝合金的腐蚀电流密度、腐蚀电位、Tafel斜率和极化电阻见表6-1。电位升高，腐蚀电流密度降低，极化电阻显著增大，这说明了铝合金的耐腐蚀性能得到了很大的提升。

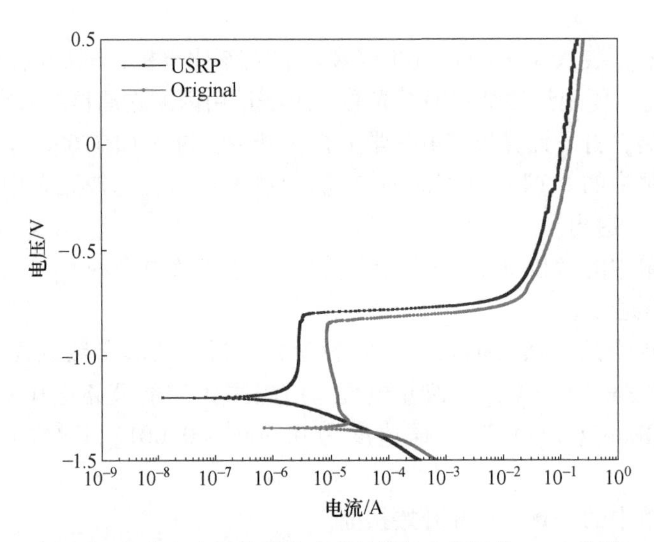

图 6-1　铝合金在氯化钠溶液中的阴极和阳极的 Tafel 曲线

表 6-1　超声滚压前后 7B85-T6 铝合金的极化曲线参数

试样	E_{corr}/V	i_{corr} /μA · cm^{-2}	β_a /mV · Dec^{-1}	β_c /mV · Dec^{-1}	R_{pol} /kΩ · cm^2
未纳米化	-1.33	2.38	106.38	-15.43	3.29
表面纳米化	-1.20	0.48	73.74	-41.02	83.63

实验 7　恒电位方波法测粉末电极真实表面积

7.1　实验目的

（1）掌握恒电位方波法测量双电层电容的基本原理和方法。

（2）测量并计算粉末电极的真实表面积。

7.2　实验原理

化学电源中的电极大多数采用粉末多孔电极（如铅酸蓄电池的正、负极，锌银电池的锌电极和银电极）。粉末多孔电极是由粉末和骨架构成的，它可以具有很高的空隙率和比表面积，因此在相同的表观面积下，电极的实际工作电流密度大大降低，进而可以降低电化学极化，使化学电源的性能大大改善。

测量真实表面积的方法很多，如，气体吸附法、物理法和电化学方法等。本实验采用电化学法，即恒电位方波法（或恒电位阶跃法）。恒电位方波法测量电极真实表面积的实质就是测定电极的双层电容，然后计算电极的真实表面积。

恒电位阶跃暂态过程的特征为在暂态实验开始之前极化电流为零，研究电极处于开路电位（平衡电位或稳定电位），实验开始时，研究电极电位突然跃至某一指定的恒定值，直到实验结束，同时记录极化电流随时间的变化规律。测量信号的波形如图 7-1 所示。

若对处于平衡电位或稳定电位的电极突然施加一小幅度电位阶跃信号，且持续时间不太长，使电极电位在平衡电位附近波动，此时可认为电化学反应的 R_r 及双层电容 C_d 为常数，浓度极化的影响可以忽略，所以电极的等效电路如图 7-2 所示。

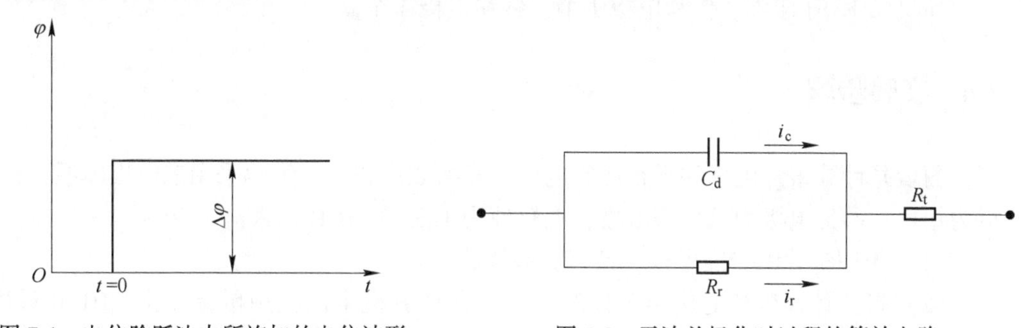

图 7-1　电位阶跃法中所施加的电位波形　　　图 7-2　无浓差极化时过程的等效电路

要测定电极的双层电容，就应创造条件使体系处于理想极化电极，即在所控制的电位范围内，电极基本不发生电化学反应（$R_r \to \infty$），于是图 7-2 的等效电路可化简为图 7-3。当 $R_r \to \infty$ 时，$i_r \to 0$，此时极化电流 i 就是双层充电电流 i_c，响应波形如图 7-4 所示。

$$C_d = \frac{\Delta q}{\Delta \varphi} \tag{7-1}$$

由图 7-4 计算出双层充电电量 Δq 的大小，代入式（7-1）中，即可计算出研究电极的双层电容 C_d。

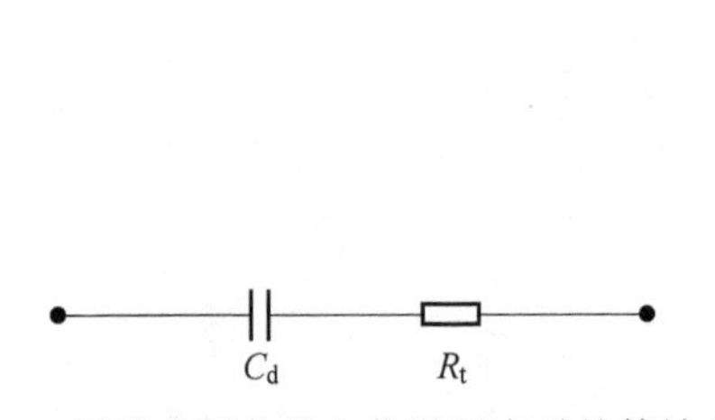

图 7-3 无浓差极化及电化学反应时的等效电路

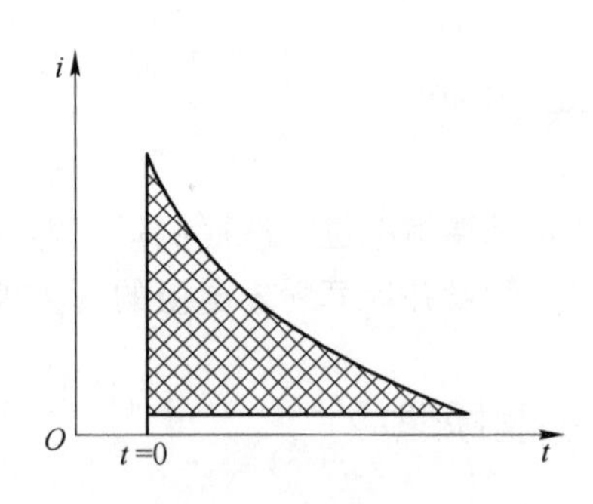

图 7-4 电位阶跃法中所记录的电流波形

电极的双层电容 C_d 与电极的真实表面积 S 成正比。纯汞的表面最光滑，所以可认为纯汞的表观面积就等于它的真实表面积，已知汞电极的双层电容值为 $20\mu F/cm^2$，以它为标准，记作 C_N，表示单位真实表面积的电容值。将测得的电极的电容值 C_d 被 C_N 除，便可计算出该电极的真实表面积 S。

$$S = \frac{C_d}{C_N} = \frac{C_d}{20\mu F/cm^2} \tag{7-2}$$

7.3 实验主要仪器与试剂材料

CHI 电化学工作站 1 台，三电极体系电解池 1 套，铂片电极 1 个，氧化亚汞电极 1 支。

1mol/L KOH 溶液，银片电板 1 个，银粉电极 1 个。

7.4 实验步骤

测量并计算银片电极和银粉压制电极的真实表面积。电解池采用三电极体系，辅助电极为铂片，参比电极为氧化汞电极，电解液为 1mol/L KOH 溶液。

（1）先用银片做研究电极，接好实验线路。

（2）打开计算机和电化学工作站开关。在计算机桌面上用鼠标点击 CHI 软件图标，进入分析测试系统。

（3）在分析测试系统中选择计时电流法。

（4）测量开路电压。

（5）根据开路电压设定参数，进行测试。

（6）保存电流时间曲线。

（7）更换银粉电极作为研究电极，重复以上步骤。

7.5　实验数据处理及分析

（1）绘出两研究电极的电流-时间曲线。

（2）根据式（7-1）和式（7-2）计算两种研究电极的真实表面积。

实验 8　稳态恒电位法测量镍的阳极钝化行为

8.1　实验目的

（1）掌握稳态恒电位法的测试方法及实验操作技术。

（2）了解自腐蚀电流、钝化电势及钝化电流的测定方法。

（3）了解金属的阳极钝化机理、影响因素和实际应用。

8.2　实验原理

恒电位法是将研究电极的电位恒定在不同数值下，测量相应的稳态电流值得到的曲线，即稳态恒电位极化曲线。该曲线表示电极反应速度（即电流密度）与电极电位之间的关系：$i = f(\varphi)$。恒定电位的方法是采用恒电位仪提供恒定电位，通过电子线路的反馈作用自动控制电极电位恒定。由于恒电位仪可以迅速、准确测量，测量过程可以自动控制，因而获得广泛应用。

金属的阳极钝化过程是指金属作为阳极电化学溶解的过程。在金属的阳极过程中，当阳极极化不大时，阳极过程的速度随着电位变正而逐渐增大，但当电极电位移到某一数值时，阳极溶解速度随着电位变正反而大幅度地降低，这种现象称为金属的钝化现象。处在钝化状态下的金属，其溶解速度较低。例如防止金属腐蚀以及电镀中的不溶性阳极、电冶金及电镀等。

图 8-1 为由恒电位法测得的金属阳极极化曲线（即金属阳极钝化曲线），图中曲线分为 4 个区域：*AB* 段、*BC* 段、*CD* 段、*DE* 段。

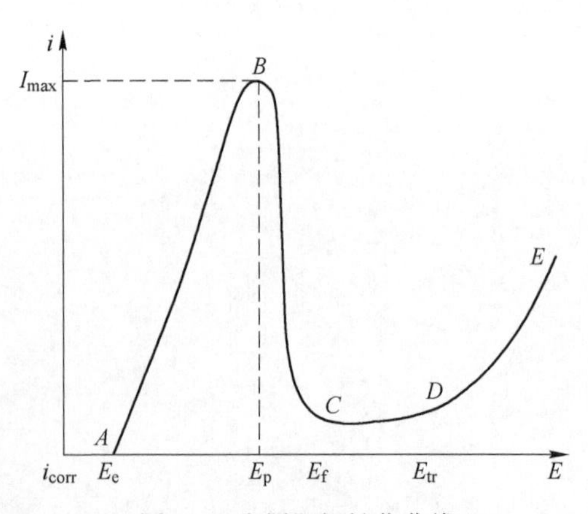

图 8-1　金属阳极钝化曲线

（1）AB 段为活性溶解区。此时金属进行着正常溶解，阳极电流随着电位的改变服从 Tafel 公式。

（2）BC 段为过渡钝化区。当电位达到 *B* 点时，金属开始发生钝化，对应于 *B* 点的电流叫做临界钝化电流（I_{max}），对应的电位叫临界钝化电位（E_p）。电位过 *B* 点后，金属开始发生钝化，金属的溶解速度不断降低，向钝化状态过渡。

（3）CD 段为稳定的钝化区。这时金属的溶解速度基本上不随电位改变，此时的电流密度称为维钝电流密度（I_p），亦即钝态金属的稳定溶解电流密度。

(4) DE段为超钝化区。此时阳极电流又随电位正移而增大，电流增大的原因可能是高价金属离子的产生，也可能是水分子放电析氧，还可能是二者同时出现。

金属的钝化现象是十分常见的，人们对它进行了大量的研究工作。影响金属钝化过程及钝化性质的因素，可归纳为以下几点：

(1) 溶液的组成：在中性溶液中，金属一般比较容易钝化；而在酸性或某些碱性的溶液中则不易钝化。溶液中卤素离子（特别是氯离子）的存在能明显地阻止金属的钝化。溶液中存在某些具有氧化性的阴离子（如铬酸离子）则可以促进金属的钝化。

(2) 金属的化学组成和结构：各种纯金属的钝化能力不尽相同，例如铁、镍、铬3种金属的钝化能力为铬>镍>铁。因此，添加铬、镍可以高钢铁的钝化能力及钝化的稳定性。

(3) 外界因素（如温度、搅拌等）：一般来说，温度升高以及搅拌加剧，可以推迟或防止钝化过程的发生，这与离子扩散有关。

阳极钝化曲线可为我们提供不少有意义的参数和情况，这对于研究金属钝化过程和探讨钝化机理具有重要意义。

8.3 实验主要仪器与试剂材料

仪器：CHI760E电化学工作站1台（见图5-3）。

试剂及材料：饱和甘汞电极（参比电极）1个；镍电极（研究电极）1个；铂电极（辅助电极）1个；500mL烧杯1个；固定支架2个；丙酮；H_2SO_4（2mol/dm^3）；NaCl。

8.4 实验步骤

实验步骤为：

(1) 电极制备：将电极打磨光亮，在一面焊上直径为1 mm的铜丝，除了工作面以外，其余各面用环氧树脂密封。

(2) 洗净烧杯，注入250mL 2mol/L H_2SO_4溶液+0. 6g/cm^3 NaCl的电解液（其中NaCl浓度可选多组），安装好辅助电极、参比电极等。

(3) 电极的预处理：将待测面依次用粗砂纸、金相砂纸打磨光亮，再用蒸馏水清洗。用丙酮擦拭工作面以除去表面油脂，将电极放在2mol/dm^3 H_2SO_4溶液中浸洗后，放入电解池中。

(4) 接好电路：一般绿色夹头接工作电极，红色夹头接辅助电极，白色夹头接参比电极（见图2-1）。

(5) 依次打开电化学工作站、计算机，预热30min后启动CHI。

(6) 在“Setup”的菜单中执行“Technique”命令，在显示的对话框中选择“Open Circuit Potential -Time”，获得稳定的自腐蚀电位（自然电位）（见图8-2）。

(7) 在“Setup”的菜单中执行“Technique”命令，在显示的对话框中选择“Linear Sweep Vdtammeuy”命令进入参数设置界面（见图8-3）。实验条件设置为Init E（初始电位）：步骤（6）测得的自然电位。Final E（结束电位）：一般是在前面测得的自然电位基

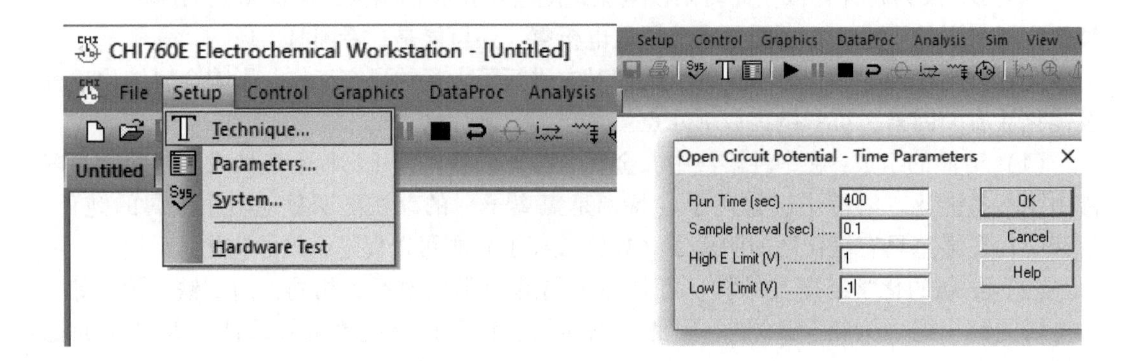

图 8-2　获得稳定自腐蚀电位的操作步骤

础上增加 800~1500mV。扫描速度：0. 005V/s。Sample interval：0. 001V。Quiet time：2s。Sensitivity（灵敏度）：1×10^{-3}A/V。其他的默选。执行：“Control” 菜单中的 “Run Experiment” 命令，开始极化实验，钝化曲线自动画出。

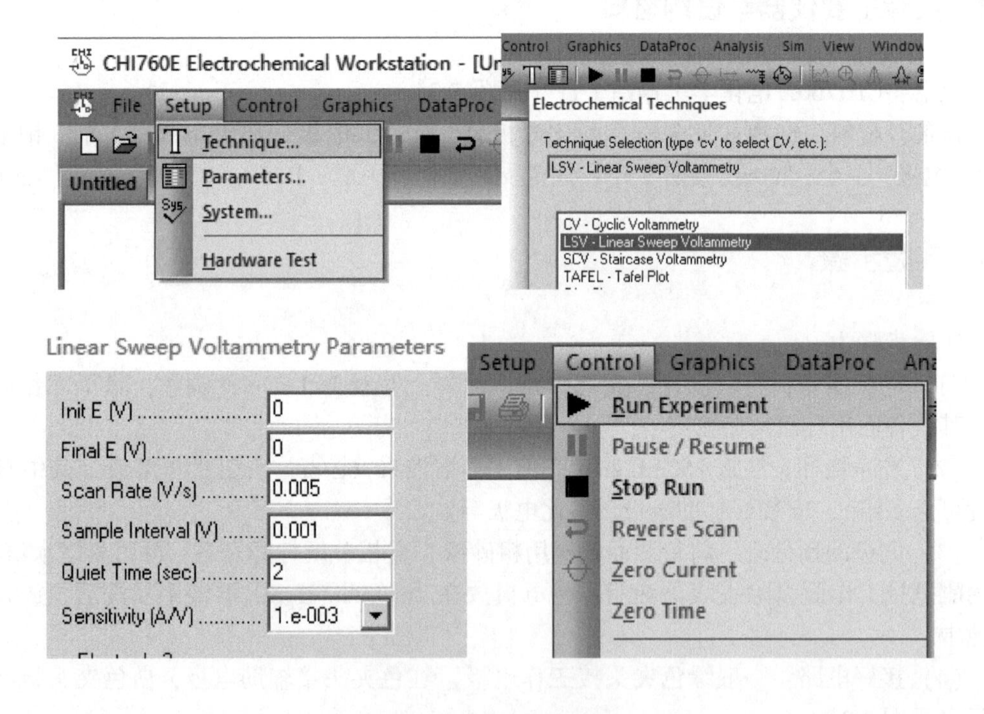

图 8-3　参数设置操作界面

（8）打开 “Graphics” 菜单，选择 “Mamual results” 命令，对试验结果进行分析（见图 8-4）。

（9）测量结束，关闭电源，拆掉导线，取出电极用蒸馏水冲洗干净备用，冲洗电解池。

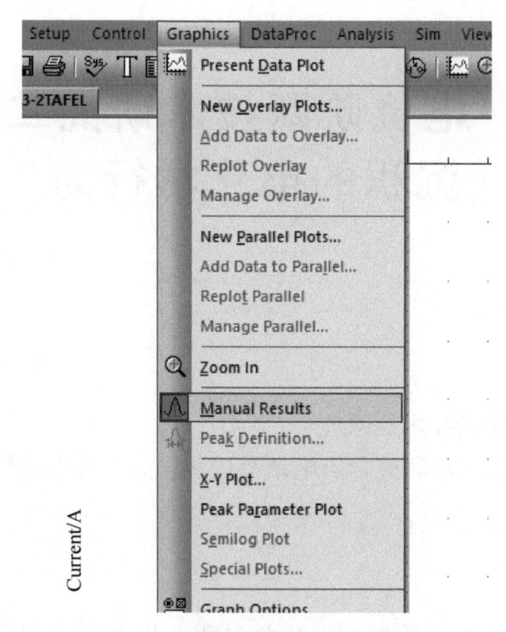

图 8-4　试验结果分析操作界面

8.5　注意事项

（1）测定前了解仪器的使用方法。

（2）实验中取放电极时避免任何污染，清洗完电极后不要用滤纸擦拭。

8.6　数据记录及处理

在极化曲线上标出测量条件，找出钝化电位、钝化电流密度、活化电位、过钝化电位等参数，并将实验结果以表格形式给出。

8.7　思考题

（1）讨论氯离子浓度对钝化的影响。

（2）本实验是采用恒电位法测量极化曲线，若采用恒电流法是否可以？为什么？

实验 9　电位阶跃技术研究二氧化锰沉积的电化学行为

9.1　实验目的

（1）掌握电位阶跃实验技术及原理。
（2）掌握利用计时电流法研究金属电结晶过程，分析其电化学机理。

9.2　实验原理

与一般化学氧化还原过程不同，电化学过程可以利用对研究电极施加不同的电位（正于或负于自然电位），从而控制电极表面上的氧化或还原过程。控制电位阶跃暂态测量方法，是指控制电极电势按照一定的具有电势突跃的波形规律变化，同时测量电流随时间的变化（称为计时电流法，Chronoamperometry），或者测量电量随时间的变化（称为计时电量法，Chronocouometry），进而分析电极过程的机理、计算电极的有关参数或电极等效电路中各元件的数值。

计时电流法是一种常用的电化学测试技术。时间电流法通常取无电化学反应发生的电极电位为初始值（φ_{init}），从该初始值阶跃到某一电位（φ）后保持一段时间，同时记录电流随时间变化的曲线。对于简单的电极反应，其时间电流曲线与反应的可逆性和阶跃的电位值有关。如果所选的电位阶跃幅度不够大，此时虽发生净的电化学反应，但不足以使电极表面的反应物浓度（C^s）下降到 0，这时暂态扩散电流密度应为：

$$i = nFA(C^0 - C^s)\sqrt{\frac{D}{\pi t}} \tag{9-1}$$

式中，n 为反应电子数；F 为 Faraday 常数，96485C/mol；A 为电极的反应面积，cm^2；C^0 为反应物的本体浓度，mol/cm^3；C^s 为反应物在电极表面处的浓度，mol/cm^3；D 为反应物的扩散系数，cm^2/s；t 为电位阶跃时间，s。

在阶跃电位足够大的情况下，电极表面的反应物浓度可能达到零，则时间电流曲线就与反应的可逆性和阶跃的电位值无关，仅与反应物的扩散过程有关。根据电位阶跃技术提供的初始条件、边界条件，求解得到在电位阶跃幅度足够大时所得到的极限电流密度与时间的关系：

$$I_d = nFAC^0\sqrt{\frac{D}{\pi t}} \tag{9-2}$$

式（9-2）也称为 Cottrel 方程，是计时电流法的基本公式。

在电位阶跃过程中，在电流采样的初期，电流信号中包含非 Faraday 双电层电流，时间电流曲线一般难以获得光滑的曲线，为了减小误差，在数据处理时应遵循后期取样原则，且后期电流信号的信噪比较低。采用时间电量曲线可以克服这些问题。

将电流对时间积分，可以获得时间电量曲线。由式（9-2）可得到

$$Q_{\mathrm{d}} = \int_0^t i_{\mathrm{d}}\mathrm{d}t = 2nFC^0\sqrt{\frac{Dt}{\pi}} \tag{9-3}$$

当电极上还存在其他反应（如 $Q_{吸附}$）以及考虑到双电层充电的电量（Q_{dl}）贡献，总电量为：

$$Q(t) = Q_{\mathrm{dl}} + nFA\Gamma_0 + 2nFAC^0\sqrt{\frac{Dt}{\pi}} \tag{9-4}$$

若以 $Q(t)$ 对 $t^{1/2}$ 作图，可以得到一条直线，该直线的斜率计算反应过程的扩散系数。$Q(t)$ 对 $t^{1/2}$ 成正比是溶液中暂态浓差极化的特征（见图 9-1 中的直线 b）。如果反应物不吸附在电极表面（$nFAC^0$项），由于 Q_{dl}很小（$Q_{\mathrm{dl}}=C_{\mathrm{dl}}A\Delta E$，一般为 $20\mu F/cm^2$），因而该直线近似通过原点。

如果反应物是预先吸附在电极表面上的，则此反应物消耗完毕后 $Q(t)$ 就不再增加，在 $Q(t)$ 对 $t^{1/2}$图上为一条水平线（见图 9-1 中的直线 a），溶液中的反应物及吸附的反应物在电位阶跃实验中表现出不同的特征，其原因是前者可以从溶液中继续补充，而后者无补充来源，这些特征可用来判别反应物的来历。还有“两者兼有”的情况，即既有吸附的反应物参加电极反应，又有溶液中的反应物直接参加反应，或间接地补充吸附后再参加反应，这种情况的 $Q(t)$ 与 $t^{1/2}$关系，如图 9-1 中的直线 c 所示，$nFA\Gamma_0$ 为消耗于预先吸附反应物的电量，可据直线 c 的截距（$Q_{吸附}$）求吸附反应物的吸附量 $\Gamma_0(\mathrm{mol/cm^2})$，即

$$\Gamma_0 = Q_{吸附}/nF \tag{9-5}$$

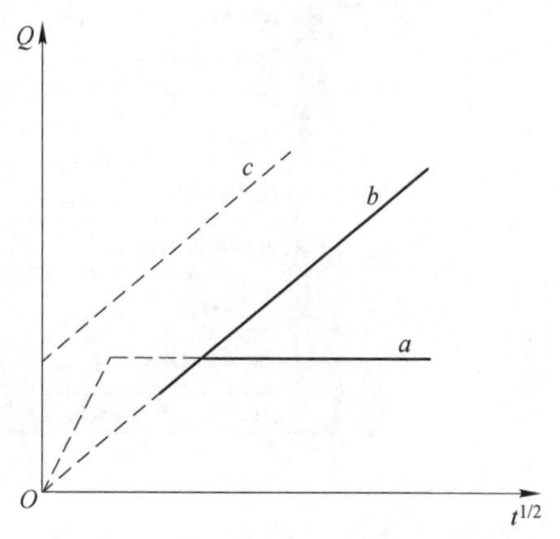

图 9-1　电位阶跃实验的 $Q(t)$-$t^{1/2}$曲线
a—反应物来自电极表面的吸附物质；
b—反应物来自溶液中；
c—反应物来自表面吸附和溶液中

9.3　实验主要仪器与试剂材料

仪器：CHI760E 电化学工作站 1 台。

试剂及材料：铂片辅助电极，ITO 导电玻璃工作电极（无水乙醇超声清洗 5min 晾干，除工作面之外，其他各面用环氧树脂密封），饱和 KCl 作盐桥的饱和甘汞电极；500mL 烧杯 3 个；固定支架 2 个。

配制电解液。1 号：0.5mmol/L $Mn(CH_3COO)_2$ + 0.1mol/L Na_2SO_4 + 0.1mol/L CH_3COONH_4。2 号：0.01mol/L $Mn(CH_3COO)_2$+0.1mol/L Na_2SO_4+0.1mol/L CH_3COONH_4。3 号 0.1mol/L Na_2SO_4+$Mn(CH_3COO)_2$+0.1mol/L CH_3COONH_4。

9.4　实验步骤

实验步骤为：

（1）将研究电极、参比电极、辅助电极洗净放入电解池，先加入适量的 1 号电解液。

（2）接好实验装置（一般红色夹头接对电极，白色夹头接参比电极，绿色夹头接工作电极）。

（3）依次打开电化学工作站、计算机、显示器等电源，预热 30min 后启动 CHI 软件。

（4）采用循环伏安确定 MnO_2沉积电势。执行“Control”菜单中的“Open Circuit Potential”（见图 9-2）命令，获得初始电势；设置低电势为-0. 2V，高电势为 1V，扫描速度为 5mV/s，扫描 3 圈，电压间隔为 5mV，灵敏度为 10^{-6}A/V。

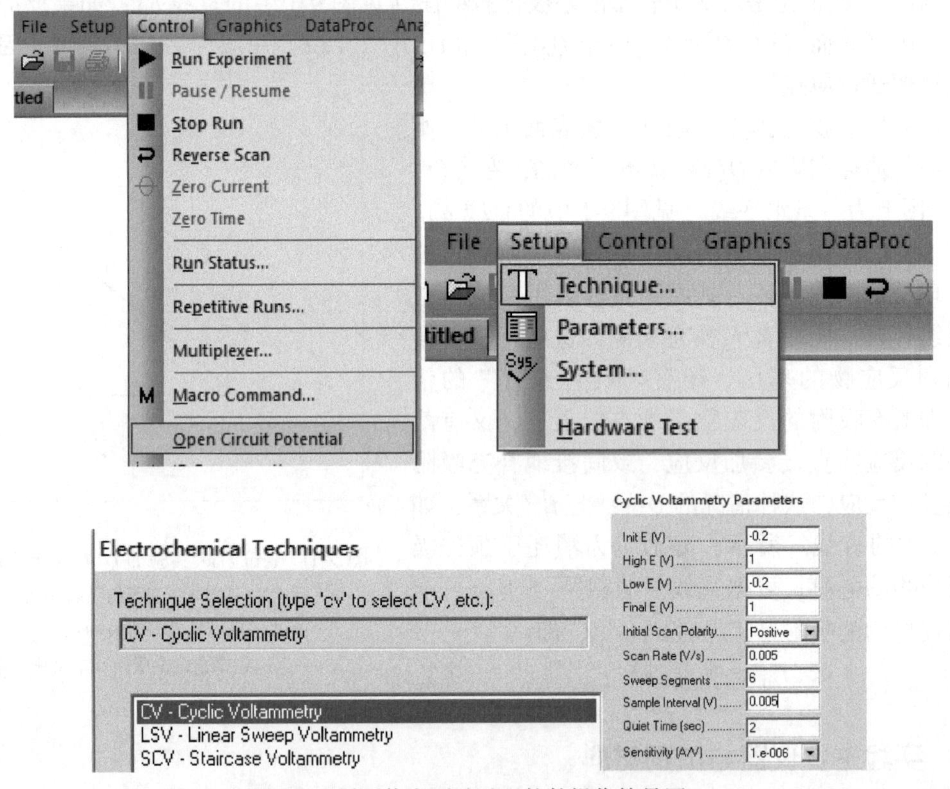

图 9-2　循环伏安测试过程软件操作简易图

（5）计时电流测试。起始电位静置 30s，根据循环伏安的测试结果，设定阶跃电压分别为：0. 521V、0. 518V、0. 515V、0. 512V、0. 505V、0. 498V、0. 495V，读取每个电位下 4s 时的电流值。

（6）执行“Control”菜单中的“Open Circuit Potential”命令，获得自然电位。

（7）在“Setup”的菜单中执行“Technique”命令，在显示的对话框中选择“Chronoamperomry”进入参数设置界面（见图 9-3）（如不出现参数设置界面，再执行“Setup”菜单中的“Parameters”命令进入参数设置界面）。实验条件设置如下：Init E，步骤（6）中测得的电位；High E（最高电位），0. 80V；Low E（最低电位），0. 0V；Number of Steps

(步骤次数)，2；Pulse width（阶跃幅度），5s；Sample interval（采样间隔），0.0001s；Quiet time(静置时间)，30s；Sensitivity（灵敏度），5×10^{-3}。

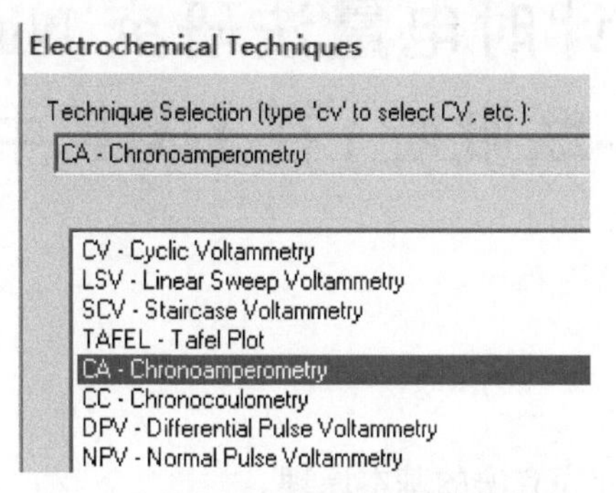

图9-3　CA测试过程软件操作简易图

(8) 执行“Control”菜单中的“Run Experiment”命令，开始极化实验。

(9) 将测出的数据保存为目标格式（见图5-8）。

(10) 测量结束，关闭电源，拆掉导线，取出电极用蒸馏水冲洗干净备用，冲洗电解池。

(11) 2号、3号电解液重复步骤（4）~(10)。

9.5　注意事项

(1) 所有实验中必须注意量程挡和扫描范围的正确选择。

(2) 电极表面的洁净度将直接影响实验结果，实验中取放电极时应避免任何污染。

9.6　数据记录及处理

(1) 读取 I 对 E 作图，分析该曲线的特点，读取平衡电位。

(2) 根据 I-t 曲线，作 I-$t^{1/2}$ 图，积分得到电量，作 Q-$t^{1/2}$ 图，通过斜率估算 D 值。

9.7　思考题

(1) 如何计算扫描过程所需的时间？

(2) 为何两次循环的起始沉积电位不同？

(3) 为何在双电层充电结束后电流时间曲线出现一个峰，该峰对应的是一个怎样的过程？

实验 10　计时电量法研究 $NiCl_2(bpy)_3$（bpy：2，2-联吡啶）在 DMF 中的扩散系数

10.1　实验目的

（1）掌握阶跃电位时间库仑法的基本原理。

（2）了解阶跃电位计时电流法和计时电量法的优缺点。

（3）熟悉计时电量法的实验技能和结果分析。

10.2　实验原理

在电位阶跃过程中，在电流采样的初期，电流信号中包含非 Faraday 双电层电流，时间电流曲线一般难以获得光滑的曲线，为了减小误差，在数据处理时应遵循后期取样原则，且后期电流信号的信噪比较低。但采用时间电量曲线可以克服这些问题。

阶跃电位时间电量法是在阶跃电位时间电流法的基础上改进和发展起来的一种测试方法，是将阶跃电位时间电流法的电流输出改换成经积分电路输出电量，记录时间电量曲线。阶跃电位时间电量曲线是增函数曲线，大大提高了后期的信噪比。同时积分电量具有滤波平缓功能，一般可获得比较光滑的曲线，从而提高数据处理的精度。

时间电量曲线的公式表达形式如式（10-1）所示。

$$Q_d = \int_0^t i_d \mathrm{d}t = 2nFC^0\sqrt{\frac{Dt}{\pi}} \tag{10-1}$$

当电极上还存在其他反应（如 $Q_{吸附}$）以及考虑到双电层充电的电量（Q_{dl}）贡献，总电量为：

$$Q(t) = Q_{dl} + nFA\Gamma_0 + 2nFAC^0\sqrt{\frac{Dt}{\pi}} \tag{10-2}$$

若以 $Q(t)$ 对 $t^{1/2}$ 作图，可以得到一条直线，该直线的斜率计算反应过程的扩散系数。

10.3　实验主要仪器与试剂材料

仪器：电化学工作站，真空干燥箱，超声清洗仪。

主要试剂：N，N-二甲基甲酰铵（DMF，分析纯），无水乙醇（分析纯），氯化镍（$NiCl_2 \cdot 6H_2O$，分析纯），$NiCl_2(bpy)_3$ 由无水 $NiCl_2$ 和 bpy 在无水乙醇中制得，经过恒温真空干燥后保存在真空干燥器中备用。

玻碳电极作为工作电极，铂丝电极为辅助电极，饱和甘汞电极（SCE）作为参比电

极，电解液为含有 0.1mol/L 的 Et_4NBF_4的 DMF 溶液，参比电极和电解液之间用 $CdCl_2$和 NaCl 的饱和 DMF 溶液作盐桥。玻碳电极经过金相砂纸、氧化铝抛光，稀 HNO_3、丙酮和去离子水超声清洗，铂丝电极也经过稀 HNO_3、丙酮和去离子水超声清洗，DMF 经过加入无水 $MgSO_4$干燥后减压蒸馏收集，加入 300℃活化 4h 的 4A 分子筛干燥保存。

10.4　实验步骤

实验步骤为：

（1）将研究电极、参比电极、辅助电极洗净放入电解池。

（2）接好实验装置（一般红色夹头接对电极，白色夹头接参比电极，绿色夹头接工作电极）。

（3）依次打开电化学工作站、计算机、显示器等电源，预热 30min 后启动 CHI 软件。

（4）计时电量测试。起始电位静置 30s，设定阶跃电压分别为：-0.60V、-0.65V、-0.70V、-0.75V、-0.80V、-0.85V、-0.90V、-1.0V、-1.05V、-1.1V、-1.15V、-1.20V、-1.25V、-1.30V、-1.35V，读取每个电位下 5s 时的电量值。

（5）执行“Control”菜单中的“Open Circuit Potential”命令，获得自然电位。

（6）在“Setup”的菜单中执行“Technique”命令，在显示的对话框中选择“Chronocoulometry”进入参数设置界面。实验条件设置如下：Init E，步骤（5）中测得的电位；Final E，-1.35V；Number of Steps，2；Pulse width，0.25s；Sample interval，0.00025s；Quiet time，5s；Sensitivity，10^{-6}C（见图 10-1）。

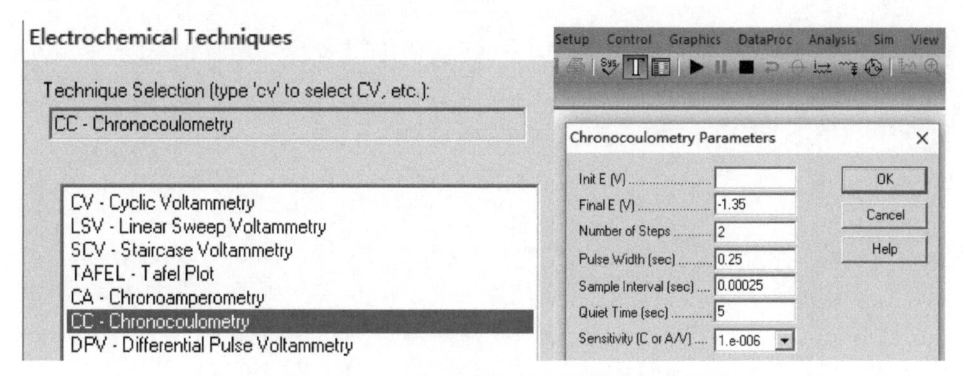

图 10-1　计时电量法测试过程软件操作简交易图

（7）执行“Control”菜单中的“Run Experiment”命令，开始极化实验。

（8）将测出的数据保存为目标格式。

（9）选择不同的截至电压，重复步骤（5）~（8）。

（10）测量结束，关闭电源，拆掉导线，取出电极用蒸馏水冲洗干净备用，冲洗电解池。

10.5　数据记录与处理

（1）分别记录得到的 *Q*-*t* 实验曲线。

（2）从实验得到 Q-t 曲线，再作 Q-$t^{1/2}$图，解析 $NiCl_2(bpy)_3$在 DMF 中的扩散系数。

10.6 思考题

（1）比较阶跃电位计时电流法与计时电量法的优缺点。

（2）计时电量实验时，必须注意哪些特别关键的操作步骤？

实验 11 线性电势扫描伏安曲线研究氢和氧在铂电极上的吸附行为

11.1 实验目的

（1）了解线性电势扫描伏安法的测试原理和实验方法。

（2）掌握测量氢、氧在铂电极上的吸脱附的方法，学会伏安曲线的绘制和数据分析。

11.2 实验原理

控制电极电势按恒定速度，从起始电势 E_i 变化到某一电势 E_λ ，或在完成这一变化后立即按相同速度再从 E_λ 变到 E_i 或在 E_i 和 E_λ 之间多次往复循环变化，同时记录相应的响应电流，将其通称为线性电势扫描伏安法（LSV）。电极电势的变化率称为扫描速率，为一常数，即 $v=\left|\frac{\mathrm{d}E}{\mathrm{d}t}\right|=\text{const}$ 。测量结果常以 i-t 或 i-E 曲线表示，其中 i-E 曲线也叫伏安曲线。线性电势扫描伏安法中常用的电势扫描波形如图 11-1 所示。

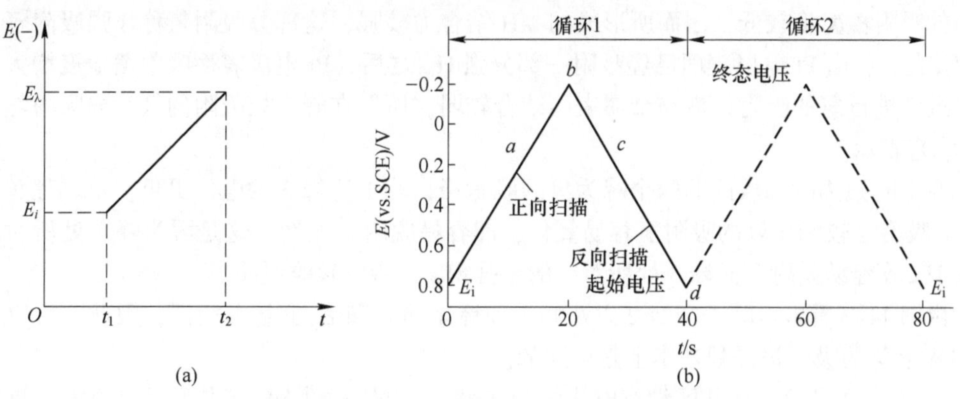

图 11-1 线性电势扫描伏安法中的常见电势波形

（a）单程线性电势扫描；（b）连续三角波扫描

对研究电极进行阴极过程的研究时，则电位范围应选择电极平衡电位的负向；反之，应选择在平衡电位的正向。若既要观察阴极过程又要观察阳极过程，那么，电极范围就应选择在平衡电位两侧。

在动电位扫描曲线中可以观察到电流波峰的存在，峰电流的形成，可能是电化学反应造成的。到电位扫描后期，扩散电流又因扩散层厚度的增加而降低，因而形成电流峰值。也可能是由于法拉第吸附电流或是一般吸脱附过程所引起双电层电容急剧变化而带来的与之相应双电层充放电电流的急剧变化，因此，三角波电位扫描法在研究电极过程和吸脱附过程中是一种有用的工具。

铂是燃料电池中必不可少的电催化材料，铂的电化学性质以及铂电极上的吸附氧化的电化学行为有着重要的研究价值，Pt 在 H_2SO_4中的 E-i 曲线如图 11-2 所示。

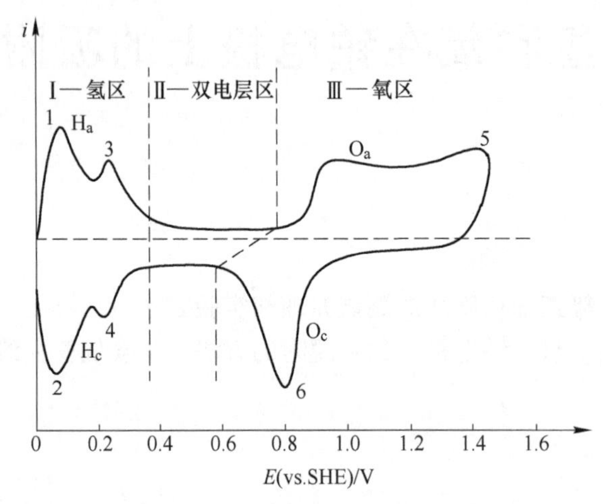

图 11-2　Pt 在 H_2SO_4中的 E-i 曲线

伏安曲线可分为 3 个区域：氢区，双层区和氧区，中间的部分只有很小的基本不变的双电层充电电流，而没有法拉第电流，称为双电层区。虚线上方为正向扫描所得到的极化曲线，虚线下方为负向扫描所得到的极化曲线。

负向扫描时，氢区出现的两个电流峰是氢的吸附峰，峰 4 处对应着 H^+的还原过程，所生成的原子 H 吸附在 Pt 上形成 MH。此时由于 Pt 电极刚刚开始吸附氢原子，所以电极表面的吸附覆盖度较低，因而所形成的 MH 结合力较强，这部分吸附氢称作强吸附氢，以强 $H_{吸}$表示。当 Pt 电极表面已经吸附一部分强 $H_{吸}$之后，Pt 电极表面吸附覆盖度增大，此时再继续进行氢的吸附，就与金属表面结合较弱，所以在峰 2 处吸附的氢为弱吸附氢，以弱 $H_{吸}$来表示。

在正向扫描时，氢区的两个峰为氢的脱附峰，峰 1 比峰 3 的电位更负，不难理解，峰 1 处的吸附氢较峰 3 处的吸附氢容易氧化，即容易脱附。显然，这是因为峰 1 处所对应的是弱 $H_{吸}$故容易脱附，而峰 3 处所对应的是强 $H_{吸}$，所以较难脱附。

由图 11-2 看出：峰 1 与峰 2 以及峰 3 和峰 4 的 i_p和 E_p也基本相同，因此，可以说在 Pt 电极上氢的吸脱附过程基本上是可逆的。

由图 11-2 显示，在Ⅱ区没有电化学反应发生，只有微弱电流用于双层充电。Ⅲ区为氧的吸脱附区，氧的析出峰 5 和氧的脱附峰 6 分离较远且峰值不等，可见氧的吸脱附过程不是可逆的。

11.3　实验主要仪器与试剂材料

CHI 电化学工作站 1 台。

铂片电极（研究电极、辅助电极）4 只；汞-硫酸亚汞电极（参比电极）2 只；烧杯（500mL，用作电解池）2 个；氮气 1 瓶，0.5mol/dm^3 H_2SO_4溶液，约 500mL。

11.4 实验步骤

实验步骤为:

(1) 将研究电极、参比电极、辅助电极洗净放入电解池。

(2) 接好实验装置(红色接头接辅助电极,白色接头接参比电极,绿色接头接研究电极,黑色接头悬空,作为感受电极)。

(3) 依次打开电化学工作站(见图2-1)、计算机、显示器等电源,预热30min后启动CHI软件。

(4) 通氮气鼓泡15~20min,以除去溶液中多余的氢和氧。

(5) 执行"Control"菜单中的"Open Circuit Potential"命令,测量研究电极相对参比电极的自然电位。

(6) 在"Setup"菜单中执行"Technique"命令,选择"Cyclic Voltammetry"技术进入参数设置界面(未出现参数设置界面时,执行"Setup"菜单中的"Parameters"命令进入参数设置界面)。实验条件设置为:Init E(初始电位),步骤(5)测得的自然电位;High E(最高电位),一般是在步骤(5)测得的自然电位基础上增加800~1500mV;Low E(最低电位),自然电位减小800~150mV;扫描速度为25mV/s;Sensitivity(灵敏度)选择默认(见图11-3)。

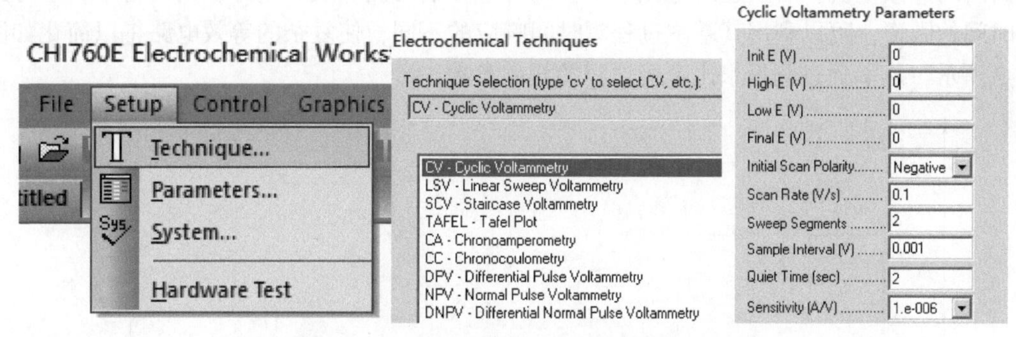

图11-3 循环伏安测试过程软件操作简易图

(7) 执行"Control"菜单中的"Run Experiment"命令,开始极化实验。

(8) 测试结束,保存实验结果,得到循环伏安曲线和峰值参数。

(9) 实验结束后,关闭电源,拆掉导线,取出电极用蒸馏水冲洗干净备用,冲洗电解池。

11.5 思考题

(1) Pt在H_2SO_4中的E-i曲线上出现的氧化电流和还原电流如何区分,为什么?

(2) Pt在H_2SO_4中的E-i曲线上氧化电流峰和还原电流峰出现的位置与哪些因素有关?

实验 12 恒电流暂态法测定电化学反应过程的速率常数与交换电流密度

12.1 实验目的

（1）了解控制电流技术的常用测试方法。
（2）了解稳态测量电化学过程动力学参数与暂态测量的特点以及应用领域。
（3）掌握恒电流暂态法的基本原理和基本实验技能。
（4）掌握交换电流密度 i^0 和反应速率常数 k 的求解方法。

12.2 实验原理

恒电流暂态测量将一个恒定的脉冲阶跃电流加到研究电极上（见图 12-1），可以大大提高瞬间扩散电流，对快速的电化学反应动力学参数的测量效果较好，同时暂态测量考虑了时间的因素，可以利用其基本过程对时间响应的不同，使复杂的等效电路得以简化如图 12-2 所示，从而通过测量求出电极过程的相关参数。

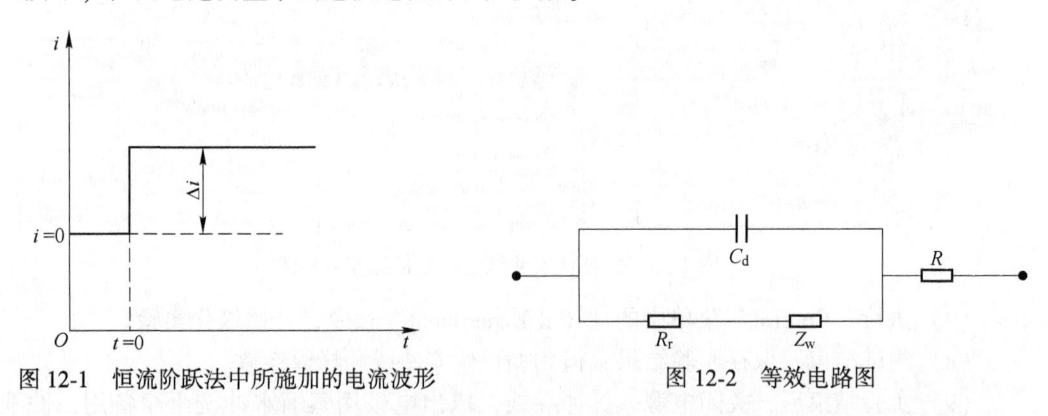

图 12-1 恒流阶跃法中所施加的电流波形　　图 12-2 等效电路图

恒流阶跃下的电位-时间曲线如图 12-3 所示。

在图 12-3 的电位-时间曲线中：*A-B* 段为接通电路瞬间溶液的欧姆极化而引起的电位变化（当溶液中加入大量的局外电解质或测量溶液很浓时，一般欧姆极化可忽略）；*B-C* 段，主要是双电层两侧的电位变化；*C-D* 段主要是电化学极化引起的电位变化；*D-E* 段为浓差极化占主导；*E* 点的电极表面处反应粒子的浓度趋于零。恒流极化下的浓度极化表现为电极表面反应粒子的浓度随时间逐渐下降，恒流极化指在电极表面处单位时间内所消耗的粒子数目是恒定的，故在恒流极化下反应粒子就必然不断地由溶液深处向电极表面扩散，当扩散到电极表面的反应粒子不足以补充所消耗的粒子时，电极表面反应粒子浓度随时间变化而下降，浓度极化不断发生直至电极表面反应粒子浓度趋于零，电极电位急剧变负，直至另一种离子可以放电的电位。自恒流极化开始到电极表面反应粒子降到零所经历的时间称为过渡时间，以 τ 表示。

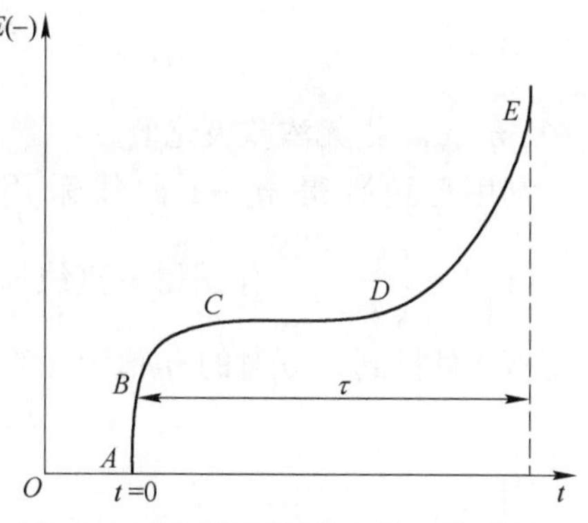

图 12-3　恒流阶跃下的电位-时间曲线

当电极反应为：O+ne →R，根据 Fick 第二定律：

$$\frac{\partial c}{\partial t}=D_0\frac{\partial t}{\partial x^2}\frac{2I}{nF}\sqrt{\frac{t}{\pi D_0}}\exp\left(-\frac{x^2}{4D_t}\right)+\frac{Ix}{nFD_0}\mathrm{erfc}\left(\frac{x}{2\sqrt{D_0t}}\right) \tag{12-1}$$

其初始及边界条件为：

$$c(x,\ 0)=c_0^0,\qquad c(\infty,\ t)=c_0^0,\qquad D_0\left(\frac{\partial c_0}{\partial x}\right)_{x=0}=\frac{I}{nF}$$

根据以上条件式（12-1）解得：

$$C_0(x,\ t)=c_0^0-\frac{2I}{nF}\sqrt{\frac{t}{\pi D_0}}\exp\left(-\frac{x^2}{4D_t}\right)+\frac{Ix}{nFD_0}\mathrm{erfc}\left(\frac{x}{2\sqrt{D_0t}}\right)$$

$$C_0(0,\ t)=c_0^0-\frac{2I}{nF}\sqrt{\frac{t}{\pi D_0}}$$

因为 $\tau=n^2F^2\pi D_0(c_0^0)^2/4I^2$，电极表面处反应物的浓度随时间的变化关系为：

$$C_0(0,\ t)=c_0^0\left[1-\left(\frac{t}{\tau}\right)^{1/2}\right] \tag{12-2}$$

当电化学极化和浓度极化同时存在且过电位较大，以致可以忽略逆反应影响时，电流密度与电极电位的关系为：

$$I_k=nFkC_0(0,\ t)\exp\left[-\frac{\alpha nF}{RT}(\varphi-\varphi_{平})\right] \tag{12-3}$$

将式（12-2）代入式（12-3）取对数并整理得：

$$\eta_k=\frac{RT}{\alpha nF}\ln\frac{nFkc_0}{I_k}-\frac{RT}{\alpha nF}\ln\left[1-\left(\frac{t}{\tau}\right)^{1/2}\right] \tag{12-4}$$

式中　$C_0(0,\ t)$ ——反应物 O 在电极表面的瞬间浓度；

c_0^0——溶液本体浓度；

k—— $\varphi=\varphi_{平}$时的反应速率常数；

I_k——阶跃电流密度。

对于一定体系和一定的阶跃电流密度，τ 是一个常数，因此当 $t\to0$ 时，$C_0(0,\ t)\to c_0^0$，即该体系没有浓度极化发生，体系的过电位完全由电化学极化引起，式（12-4）所表示的电位-时间曲线如图 12-3 所示。若沿曲线的直线部分外推到 $t=0$ 处则 $\ln\left[1-\left(\frac{t}{\tau}\right)^{1/2}\right]=0$，此时即不发生浓度极化，也就是 η_k 完全由电化学极化所控制，因此有：

$$\eta_{k(t=0)}=-\frac{RT}{\alpha nF}\ln\frac{nFkc_0}{I_k}=-\frac{2.3RT}{\alpha nF}\lg\frac{i^0}{I_k} \tag{12-5}$$

式中，$\eta_{k(t=0)}$ 指无浓差极化值。

利用实验所得 η_k-t 曲线采用作图法求得过渡时间 τ 如图 12-4 所示。再以 $\eta_k\rightarrow\ln\left[1-\left(\frac{t}{\tau}\right)^{1/2}\right]$ 作图得一直线如图 12-5 所示，直线的斜率为 $\frac{RT}{\alpha nF}$，由此可求得 a，再把直线外推到 $t=0$ 时的 η_k值为无浓差极化过电位 $\eta_{k(t=0)}$。

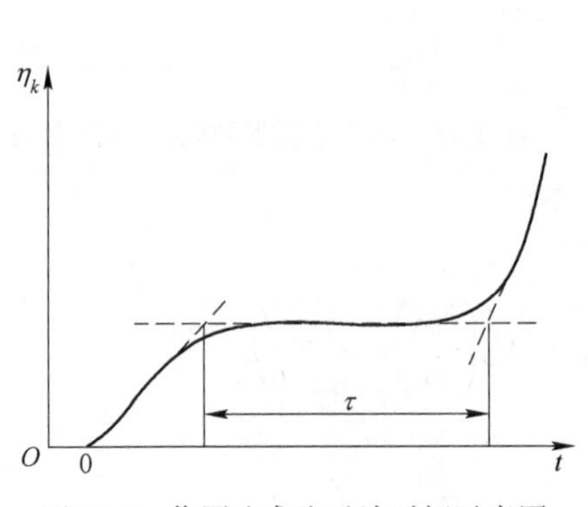

图 12-4 作图法求取过渡时间示意图

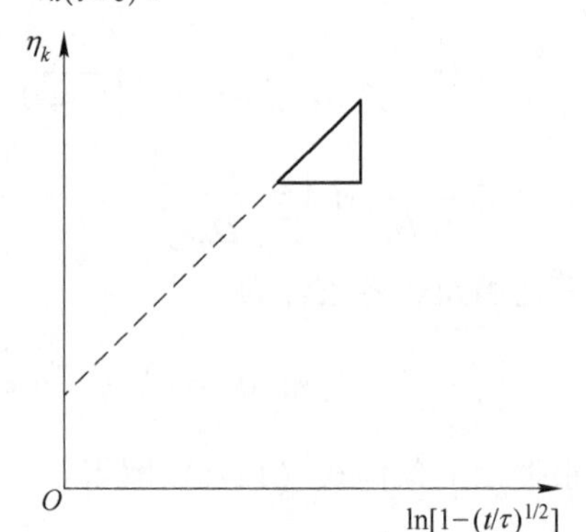

图 12-5 η_k 与 $\ln[1-(t/\tau)^{\frac{1}{2}}]$ 的线性关系图

如果电极反应比较快，通过恒定的脉冲电流所引起的过电位较小时，逆反应不可忽略的情况下，电流密度与电极电位的关系为：

$$I=i_O-i_k=i^0\left\{\left[C_O(0,\ t)/c_O^0\exp\left(\frac{\alpha nF}{RT}\eta\right)\right]-\left[C_R(0,\ t)/c_R^0\exp\left(\frac{\beta nF}{RT}\eta\right)\right]\right\} \tag{12-6}$$

将 $C_O(0,\ t)=c_O^0\left[1-\left(\frac{t}{\tau_O}\right)^{\frac{1}{2}}\right]$，$C_R(0,\ t)=c_R^0\left[1-\left(\frac{t}{\tau_R}\right)^{\frac{1}{2}}\right]$ 代入式（12-6）得：

$$I=i^0\left\{\left[1-\left(\frac{t}{\tau_O}\right)^{\frac{1}{2}}\right]\exp\left(\frac{\alpha nF}{RT}\eta\right)-\left[1-\left(\frac{t}{\tau_R}\right)^{\frac{1}{2}}\right]\exp\left(-\frac{\beta nF}{RT}\eta\right)\right\} \tag{12-7}$$

当 η 较小时，按级数展开为：

$$\exp\left(\frac{\alpha nF}{RT}\eta\right)\approx 1+\frac{\alpha nF}{RT}\eta$$

$$\exp\left(-\frac{\beta nF}{RT}\eta\right)\approx 1-\frac{\beta nF}{RT}\eta$$

当 $t\rightarrow 0$ 时，

$$I=i^0\left\{\frac{nF}{RT}\eta-\left[\left(\frac{t}{\tau_O}\right)^{\frac{1}{2}}+\left(\frac{t}{\tau_R}\right)^{\frac{1}{2}}\right]\right\} \tag{12-8}$$

当 $t\rightarrow 0$ 时，浓差极化为零，可直接外推 $t=0$，得无浓差极化值 $\eta_{k(t=0)}$，代入式(12-4)可得 i^0，根据 $i^0=nFkc_O^0$ 可求 k。

利用恒电流暂态 φ-t 曲线测定电化学参数时，必须选择合适的极化电流，注意双电层充电效应的影响。双电层充放电所占的时间取决于电极的时间常数 τ_c，实验中 $\tau\gg\tau_c$，这样可利用 $\tau_c<t<\tau$ 这段曲线外推。如果 τ_c 和 τ 很接近或 t 选的小于 τ_c，都会使测量结果

被歪曲，且不符合以上推导，为了消除 τ_c 的影响，t 最好取在 $\tau_c \gg \tau$ 时为好；另外，随着各电极体系的不同，I_k 也会大大影响测量结果，因为 $\tau \propto \dfrac{1}{I_k}$。当 I_k 取值很大，电极反应又很快，这时就有 $\tau \to \tau_c$ 的危险；当 I_k 取值很小，τ 就很长，测量体系又不能维持理想的扩散条件，此时对流会干扰使得 τ 无法求出，所以使用恒流阶跃法时要视待测体系反应速率、反应物浓度而选择适宜的 I_k。

12.3　实验主要仪器与试剂材料

CHI 电化学工作站 1 台，超声清洗仪 1 台，鼓风干燥箱 1 台，500mL 烧杯 1 个，辅助电极、参比电极、研究电极均为铜电极（面积为 $1cm^2$），0.02mol/L $CuSO_4$ + 0.6mol/L H_2SO_4，电解液。

12.4　实验步骤

实验步骤为：

（1）将研究电极、参比电极、辅助电极放在 0.6mol/L H_2SO_4 中浸泡，用蒸馏水冲洗，洗净电解池并加入适量的待测溶液。

（2）接好实验装置（红色接头接辅助电极，白色接头接参比电极，绿色接头接研究电极，黑色接头悬空，作为感受电极）。

（3）依次打开电化学工作站、计算机、显示器等电源，预热 30min 后启动 CHI 软件，进入分析测试系统。

（4）在分析测试系统中选择计时电位法（见图 12-6）。

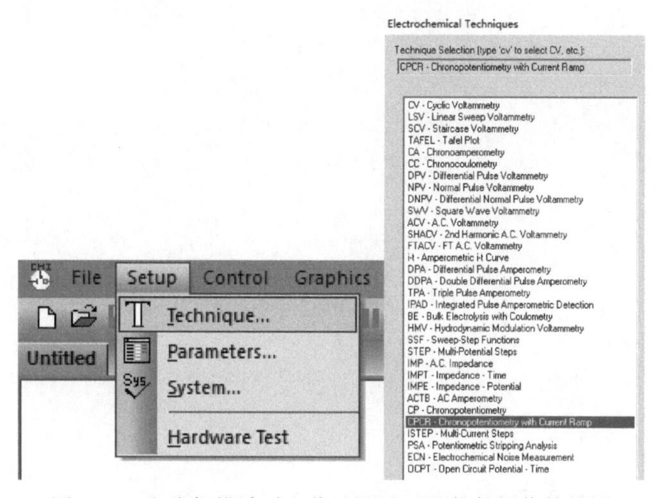

图 12-6　电流扫描计时电位法测试过程软件操作简易图

（5）测量待测体系的平衡电位。

（6）选择、调节阶跃电流为 0.5mA，记录电位-时间曲线。

（7）依次调节电流为 0.5mA、1.0mA、1.5mA、2.0mA、2.5mA、3.0mA、4.0mA、

5.0mA、7.0mA，记录不同电流下的电位-时间曲线。

（8）测量结束，关闭电源，拆掉导线，取出电极用蒸馏水冲洗后放在干燥器里备用，洗净电解池。

12.5 数据处理与结果分析

（1）求解 $\eta_{\mathrm{k}}(t=0)_1$ 值。将所得电位-时间曲线直接外推到 $t=0$ 得到 $\eta_k(t=0)_1$ 值。

（2）求解 i^0 和 k 值。依据所得出的电位-时间曲线求出 τ，以 $\eta_k \rightarrow \ln\left[1-\left(\frac{t}{\tau}\right)^{\frac{1}{2}}\right]$ 作图得直线外推到 $t=0$ 得到 $\eta_k(t=0)_2$ 值，并由直线斜率求 α，代入式（12-5）求 i^0 和 k 值。

实验 13 电池体系中欧姆内阻的精确测量

13.1 实验目的

（1）了解电池表观欧姆电阻的组成。

（2）掌握电池体系中欧姆内阻测试的原理和实验方法。

（3）测量锂离子电池的内阻。

13.2 实验原理

电池内阻决定了电池的功率大小、使用寿命和使用过程中因发热而产生的安全性能，是评价电池质量的重要指标之一。如果电池内阻很大，电池工作时，电池的大功率充放电性能就受到制约，且因内部消耗大量的电能而放出大量热形成大的安全隐患；同时电池的工作电压也会下降很快，致使电池无法继续工作或失去使用价值。

电池生产企业为了确保生产电池的性能和批次一致性，出厂前，都会对电池的性能做一定测试。目前电池生产企业测量电池内阻的方法一般都是采用一个直流电表，直接测量电池的短路电流，再经过换算得到电池的内阻。用此法测出的电池内阻：

$$R = R_{\Omega} + R_{f} = R_{\Omega} + \frac{\Delta\varphi}{I} \tag{13-1}$$

式中 R——电池内阻；

R_{Ω}——电池体系欧姆内阻；

R_{f}——电池的极化阻抗；

I——通过电池的电流；

$\Delta\varphi$——电池内有电流通过时，正、负极极化所引起的电位降。

从式（13-1）可以看出：电池内阻包括两个部分，即电池体系欧姆内阻与极化电阻。电池体系欧姆内阻包括电池的引线、正负极的电极材料、电解液和隔膜等组成的电阻。它的大小与电池所用材料的性质和装配工艺等因素有关，而与电池充放电时电流密度无关，此电阻服从于欧姆定律。电池的极化电阻是电池内有电流通过时，由浓度差和电荷转移引起的电池正负极的极化阻抗。这两种极化的大小主要与电极材料的本性、电极的结构、制造工艺和使用条件（如：充放电截至电压、充放电电流）有关，极化阻抗可以通过电化学测试的相关方法测出。

使用一般的方法测出的是电池全内阻 R，怎样把 R_{Ω} 和 R_{f} 分开呢？大家都知道，产生 R_{f} 的原因是：电池放电（或充电）时，电极上发生了电化学反应和电极表面电解液浓度发生了变化，由于电化学反应迟缓和液相离子的扩散有一定的限度，造成了电极的极化。

电化学反应的建立需要一定时间，同样要达到浓差扩散也需要时间，一般情况下，大约需要 10^{-5}s 以上的时间，反应才能趋于稳定。而 R_Ω在 R_Ω上产生的电压降建立非常迅速，约需 10^{-12}s，几乎是通电的瞬间就建立了，如图 13-1 所示。根据这个差别，就可以将 R_Ω和 R_f分开。本实验采用方波电流法测电池的欧姆电阻。

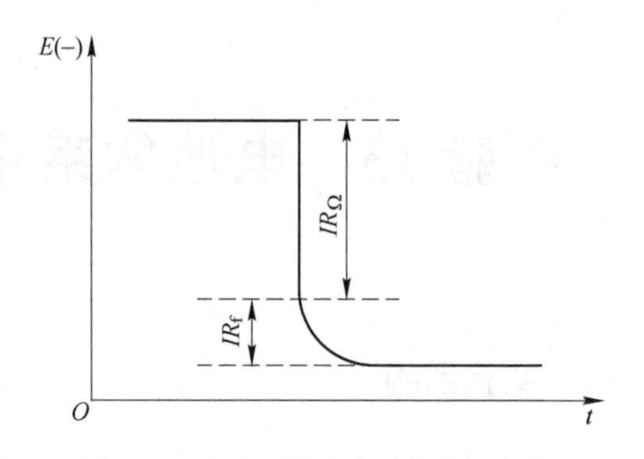

图 13-1　电池开始放电时的电压变化

方波电流的波形图如图 13-2 所示。在每一周期有一半是正电压，另一半是负电压。方波电流是由方波电流发生器产生，选用方波的频率使得在每一周期中电池得到正向电流的时间为 10^{-5}s，而负向电流时间也为 10^{-5} s，在这样短的时间内，电池的欧姆电阻压降已经完全建立起来了，而电池两极的极化却来不及建立。这时测得的电池电压的变化都是由电池的欧姆内阻引起，由此可以把电池的欧姆内阻求出来。由于用的方波频率很高，电池上电压变化必须用示波器或晶体管毫伏表来测量，测量应在短时间内完成；若时间太长，则被测电池就会因放电或充电而发生变化，即电池中电解液浓度、电极中活性物质的变化，从而引起电池内阻的变化。测量线路图如图 13-3 所示。图中 R 是电阻，用作稳定通过电池的方波电流，阻值为 1~5kΩ。视方波电阻大小而定，R_x是被测电池，$R_{比}$是可调标准电阻箱。

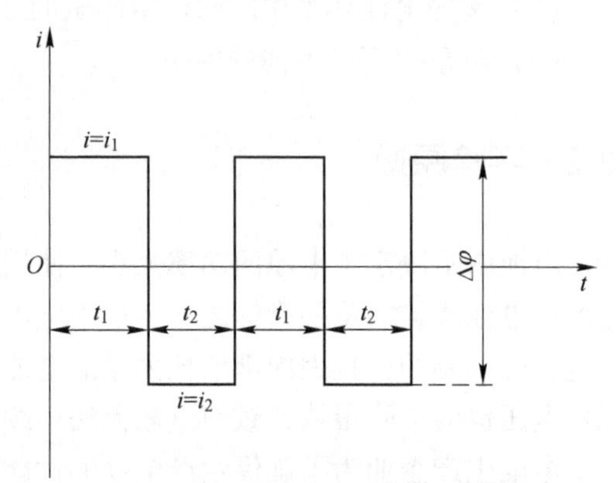

图 13-2　方波电流波形

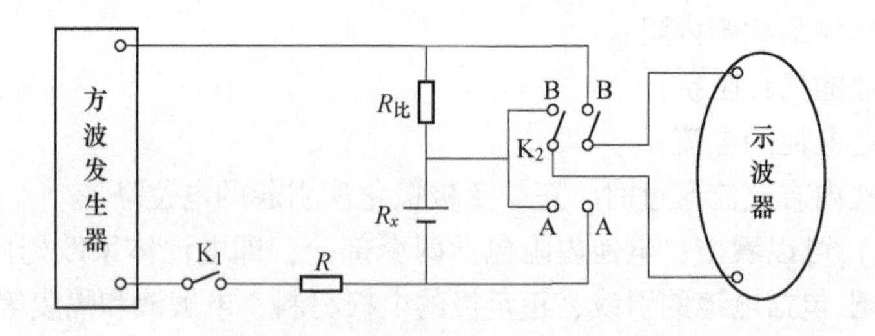

图 13-3　测定电池内阻线路图

13.3　实验主要仪器与试剂材料

实验主要仪器与试剂材料有方波发生器，示波器，可调标准电阻箱，开关，导线若干，纽扣锂离子电池和铝塑软包锂离子电池。

13.4　实验步骤

实验步骤为：

（1）将实验所用仪器和材料，按照图 13-3 连接好测量线路。

（2）打开方波讯号发生器和示波器电源。

（3）合上 K_1，把开头打向 AA 端，调节方波输出频率和电流（从小到大），使示波器上显示出一适当波形，并记录其垂直部分 V_1 值。

（4）把开关 K_2 打向 BB 端，调节 $R_{比}$ 使 $V_2 = V_1$，并记录此时标准电阻箱的 R 值，就等于电池的欧姆电阻。

（5）选用另一种电池，重复步骤（1）~（4），测出电池的欧姆内阻。

13.5　实验数据分析

（1）记录上述测试结果，分析采用不同方波频率时，测试出电池欧姆内阻的差异。

（2）测量电池内阻时，方波输出电流与测试结果之间的关系。

13.6　思考题

（1）电池欧姆内阻能否用万用表测量？

（2）测量电池内阻时，方波输出电流和输出频率对结果有什么影响？

实验 14　循环伏安法测定电极反应过程及反应参数

14.1　实验目的

（1）掌握循环伏安法测定电极反应相关参数的基本原理。
（2）了解固体电极表面的常用处理方法。
（3）熟悉电化学工作站的使用方法。
（4）理解扫描速率和浓度对循环伏安曲线的影响。
（5）学会循环伏安测试数据的处理与分析。

14.2　实验原理

循环伏安法（CV，Cyclic Voltammetry）是最重要的电分析化学研究方法之一。由于操作简便、图谱解析直观，得到了广泛应用。为了测试数据的精准性，循环伏安测试过程中通常采用三电极体系，即工作电极（或称为研究电极）、辅助电极（或称为对电极）、参比电极。循环伏安法是将循环变化的电压施加于工作电极和辅助电极之间，反应电流通过工作电极与辅助电极。记录工作电极上得到的电流与施加电压的关系曲线，即伏安曲线。

图 14-1 为循环伏安法的电压信号：起始电位（vs. SCE）为+0. 8V，以 50mV/s 正向扫描电位（vs. SCE）至−0. 2V 后，再扫描至+0. 8V 返回始态；由于电压信号的特征，这种方法也常称为三角波线性电位扫描方法。

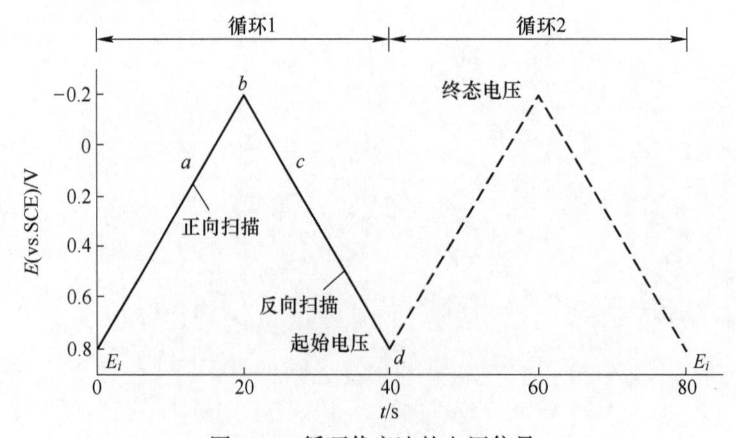

图 14-1　循环伏安法的电压信号

1.0mol/L 的 KNO_3电解质溶液中，在电极面积 2.54mm^{2}的 Pt 工作电极上施加如图14-1所示的电压信号记录 6×10^{-3} mol/L 的 $K_3Fe(CN)_6$反应参数，得到如图 14-2 所示的电压-电流信号图，即循环伏安图。

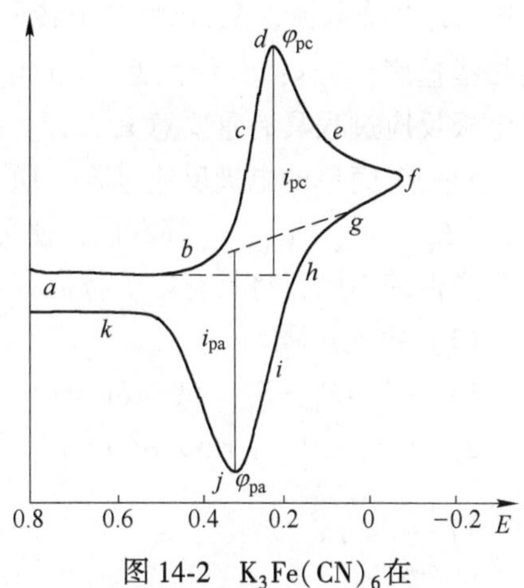

图 14-2 $K_3Fe(CN)_6$在 KNO_3溶液中的循环伏安图

从图 14-1 可见，起始电位 E_i为+0.8V（a 点），电位比较正的目的是为了避免电极接通后 $Fe(CN)_6^{3-}$ 发生电解。然后沿负的电位扫描（如箭头所指方向），当电位至 $Fe(CN)_6^{3-}$ 可还原时，即析出电位，将产生阴极电流（b 点）。其电极反应为：$Fe(Ⅲ)(CN)_6^{3-}+e\rightarrow Fe(Ⅱ)(CN)_6^{4-}$，随着电位的变负，阴极电流迅速增加（$bcd$），直至电极表面的 $Fe(CN)_6^{3-}$ 浓度趋近零，电流在 d 点达到最高峰。然后迅速衰减（def），这是因为电极表面附近溶液中的 $Fe(CN)_6^{3-}$几乎全部因电解转变为 $Fe(CN)_6^{4-}$ 而耗尽，即所谓的贫乏效应。当电压扫至−0.15V（g 点）处，虽然已经较向开始阳极化扫描，但这时的电极电位仍相当的负，扩散至电极表面的 $Fe(CN)_6^{3-}$ 仍在不断还原，故仍呈现阴极电流，而不是阳极电流，当电极电位继续正向变化至 $Fe(CN)_4$ 的析出电位时，聚集在电极表面附近的还原产物 $Fe(CN)_6^{4-}$被氧化，其反应为：$Fe(Ⅱ)(CN)_6^{4-}-e\rightarrow Fe(Ⅲ)(CN)_6^{3-}$。这时产生阳极电流（$ijk$），阳极电流随着扫描电位正移迅速增加，当电极表面的 $Fe(CN)_6^{4-}$ 浓度趋于零时，阳极化电流达到峰值（j 点），扫描电位继续正移，阳极电流衰减至最小（k 点），当电位扫至+0.8V 时，完成第一次循环，获得了循环伏安图。

简而言之，在正向扫描（电位变负）时，$Fe(CN)_6^{3-}$ 在电极上还原产生阴极电流而指示电极表面附近它的浓度变化的信息。在反向扫描（电位变正）时，产生的 $Fe(CN)_6^{4-}$ 重新氧化产生阳极电流而指示它是否存在和变化。因此，CV 能迅速提供电活性物质电极反应过程的可逆性，以及化学反应历程、电极表面吸附等许多信息。

循环伏安图中可得到的几个重要参数是：阳极峰电流（i_{pa}）、阴极峰电流（i_{pc}）、阳极峰电位（φ_{pa}）和阴极峰电位（φ_{pc}）。测量确定 i_p的方法是：沿基线作切线外推至峰下，从峰顶作垂线至切线，其间高度即为 i_p（见图 14-2），φ_p 可直接从横轴与峰顶对应处读取。

可逆氧化还原电对的电位 $\varphi^\ominus$ 与 φ_{pa} 和 φ_{pc} 的关系可表示为：

$$\varphi^\ominus=\frac{\varphi_{pa}-\varphi_{pc}}{2}+\frac{0.029}{n}\lg\frac{D_O}{D_R} \tag{14-1}$$

而两峰之间的电位差值（mV）为：

$$\Delta\varphi_p=\varphi_{pa}-\varphi_{pc}\approx\frac{59}{n} \tag{14-2}$$

对可逆体系的正向峰电流，由 Randles-Savcik 方程可表示为：

$$I_p=2.69\times10^5An^{3/2}D_O^{1/2}v^{1/2}C_O^0 \tag{14-3}$$

式中，I_p为峰电流，A；n 为电子转移数；A 为电极面积，cm^2；D 为扩散系数，cm^2/s；v 为扫描速度，V/s；C 为浓度，mol/L。根据式（14-3），I_p与 $v^{1/2}$和 C 都是直线关系，对研究电极反应过程具有重要意义。

对一个简单的电极反应过程，通过改变 CV 实验中的扫描速度，依实验中得到的 ΔE、$E_{p/2}$、E_{pc}、E_{pa}、i_{pa}、i_{pc}等数值，便可判断电极过程的可逆性。在温度为 25℃时，针对反应可逆性的不同，将具有以下特征（以一个还原反应过程为例）：

（1）可逆过程。

1）$\Delta E_p = E_{pa} - E_{pc} = 59/n(\text{mV})$。

2）$|E_p - E_{p/2}| = 59/n(\text{mV})$。

3）$\frac{i_{pa}}{i_{pc}} \approx 1$。

4）$i_p \propto v^{1/2}$

5）E_p与 v 无关。

（2）准可逆体系。

1）i_p随 $v^{1/2}$增加，但不成正比。

2）$\Delta E_p > 59/n$ mV，且随 v 增加而增加。

3）E_{pc}随 v 增加负移。

（3）不可逆体系。

1）无反向峰。

2）$i_p \propto v^{1/2}$。

14.3 实验主要仪器和试剂材料

实验主要仪器：CHI 电化学工作站 1 台。

试剂材料：

(1) 铂电极（用作工作电极、辅助电极）4 只；甘汞电极（用作参比电极）2 只；烧杯（500mL，用作电解池）6 个。其中，铂电极用 Al_2O_3粉末（粒径 0.05μm）将电极表面抛光，然后用蒸馏水清洗。

(2) $K_3[Fe(CN)_6]$(AR)；$K_4[Fe(CN)_6]$(AR)；KCl(AR)：高纯氮气瓶 1 瓶。

待测体系（每种电解液约 250mL)：电解液。

（1）0.05mol/dm^{3}KCl；电解液。

（2）0.0100mol/dm^3$K_3[Fe(CN)_6]$ +0.05mol/dm^{3}KCl；电解液。

（3）0.0100mol/dm^3 $K_3[Fe(CN)_6]$ +0.0100mol/dm^3 $K_4[Fe(CN)_6]$ +0.05mol/dm^3 KCl；电解液。

（4）0.0200mol/dm^3 $K_3[Fe(CN)_6]$ +0.0200mol/dm^3 $K_4[Fe(CN)_6]$ +0.05mol/dm^3 KCl；电解液。

（5）0.0500mol/dm^3 $K_3[Fe(CN)_6]$ +0.0500mol/dm^3 $K_4[Fe(CN)_6]$ +0.05mol/dm^3 KCl；电解液。

（6）0.0100mol/dm^{3}K$_4$[Fe(CN)$_6$] +0.05mol/dm^{3}KCl；电解液。

14.4　实验步骤

实验步骤为：

（1）接好实验装置（一般红色夹头接辅助电极，白色夹头接参比电极，绿色夹头接工作电极）。

（2）依次打开电化学工作站（见图 2-1）、计算机、显示器等电源，预热 30min 后启动 CHI 软件极。

（3）执行“Control”菜单中的“Open Circuit Potential”命令，获得开路电压（见图 2-2）。

（4）在“Setup”的菜单中执行“Technique”命令，在显示的对话框中选择“Cyclic Volta metry”进入参数设置界面（如未出现参数设置界面，再执行“Setup”菜单中的“Parameters”命令进入参数设置界面）（见图 2-3）。

（5）实验条件设置。Init *E*（初始电位）：步骤（4）测得的自然电位。High E（最高电位）：一般是在步骤（4）测得的自然电位基础上增加 500~800mV。LowE（最低电位）：步骤（4）测得的自然电位减小 500~800mV。扫描速度：10mV/s。Sensitivity（灵敏度）：默认。执行“Control”菜单中的“Run Experiment”命令，开始极化实验（见图 14-3）。

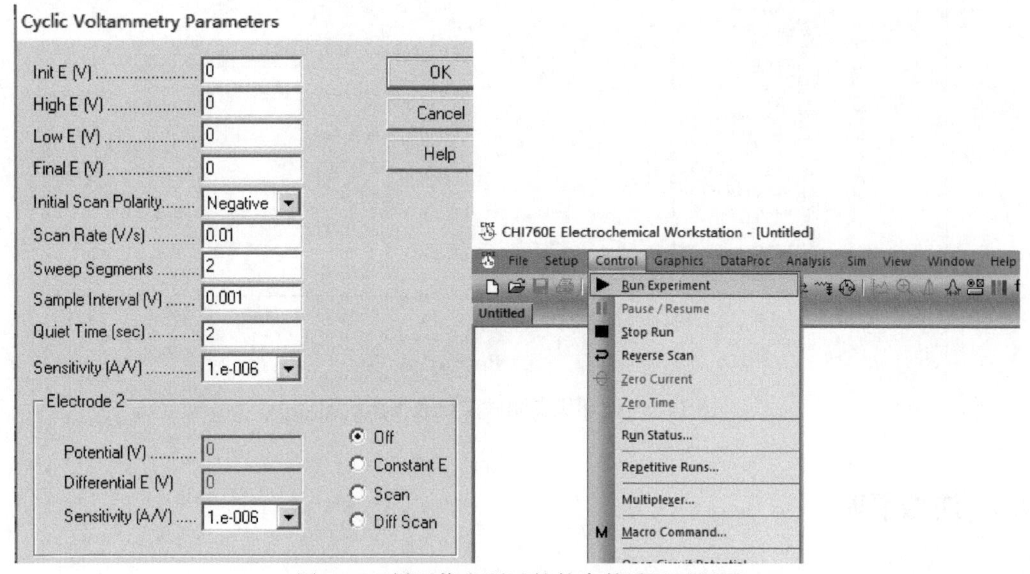

图 14-3　循环伏安测试软件参数设置过程图

（6）每种电解液要分别测量扫描速度为 5mV/s、10mV/s、25mV/s、50mV/s、100mV/s、200mV/s、500mV/s 的 CV 线（见图 14-4）。

（7）打开“Graphics”菜单，选择“Overlay Plots”或“Add Data to Plots”对实验结果进行叠加并分析（见图 14-5）。

（8）测量结束，关闭电源，拆掉导线，取出电极用蒸馏水冲洗干净备用，冲洗电解池。

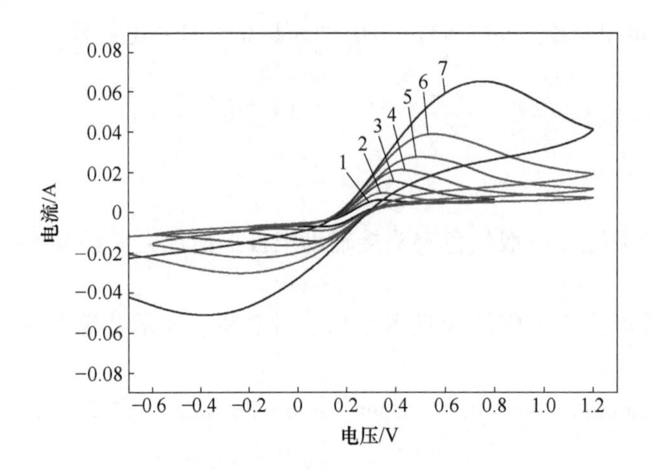

图 14-4　循环伏安测试结果输出效果图

1—5mV；2—10mV；3—25mV；4—50mV；5—100mV；6—200mV；7—500mV

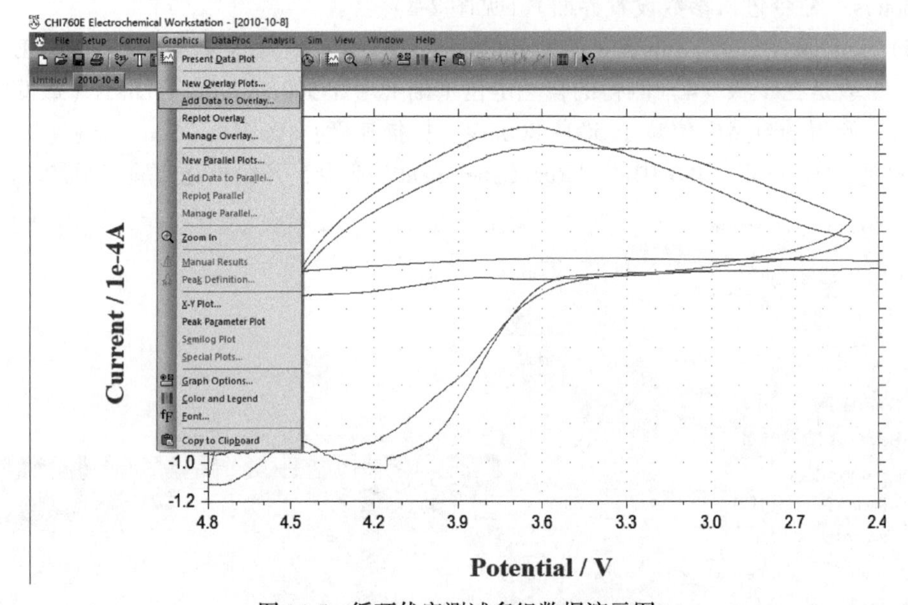

图 14-5　循环伏安测试多组数据演示图

14.5　注意事项

试验体系中 $K_4[Fe(CN)_6]$ 溶液易氧化，操作过程应注意，试验前溶液需通氮 30min。

14.6　数据记录与处理

（1）利用软件进行数据处理，得到同一电解液不同扫描速度的重叠图、不同电解液同一描速度的重叠图。

（2）记录i_{pa}、i_{pc}、E_{pa}、E_{pc}于表14-1。

（3）绘制出同一扫描速度下的铁氰化钾浓度（C）与i_{pa}、i_{pc}的关系曲线图。

（4）绘制出同一铁氰化钾浓度下i_{pa}、i_{pc}与相应的$v^{1/2}$的关系曲线图。

表14-1 数据记录表

扫描速度/mV·s^{-1}	浓度/mol·L^{-1}	E_{pa}/V	I_{pa}/μA	E_{pc}/V	I_{pc}/μA

14.7 思考题

（1）首次用循环伏安法研究一个未知体验时，为了对体系进行摸索，一般先从定性开始，然后进行半定量和定量研究，从而计算出动力学参数。

（2）在一个典型的定性实验中，通常是在一个较大的扫描速率范围内，对不同的扫描范围和不同的起始扫描电势下所得的循环伏安法图，分析出现的几个峰，观察在电势扫描范围变化和扫描速率变化时，这些峰是怎样出现和消失的，记录第一次循环和后继循环之间的差别，这样有可能获得由这些峰所表示的有关过程的信息。

（3）扫描速率与峰值电流和峰值电势的关系，可以用来鉴别电极反应是否与吸附、扩散和耦合均相化学反应等有关。

（4）从第一次和后继循环伏安图的差别中，可以分析电极反应的机理，但动力学的数据只能从第一次的扫描结果中进行分析。

（5）$K_3[Fe(CN)_6]$浓度（C）与峰值电流（i_p）和扫描速度（v）又是什么关系？

（6）峰电位（E_p）与半波电位（$E_{1/2}$）和半峰电位（$E_{p/2}$）相互间是什么关系？

实验 15　质子交换膜燃料电池阴极催化剂 ORR 性能测试

15.1　实验目的

（1）了解线性伏安（LSV）和循环伏安（CV）在电化学中的作用和绘制。

（2）了解旋转圆盘电极装置（RDE）在氧还原（ORR）中的使用。

（3）运用 LSV 和塔菲尔及阻抗了解催化剂的性能优异性。

15.2　质子交换膜燃料电池的结构和工作原理

图 15-1 是以氢气为燃料，氧气为氧化剂时的 PEMFC 的结构图。PEMFC 的核心部件是膜电极组件（MEA，Membrane Electrode Assembly），由阳极催化剂层、质子交换膜和阴极催化剂层组成。其他部件还包括催化剂外侧的气体扩散层（GDL，Gas Diffusion Layer）、疏水处理过的碳纤维。气体扩散层外侧为有气体导流槽的流场板，其材质一般为石墨，气体通过导流槽进入电池。流场板外侧是集流板和起固定、保护电池组的压板。

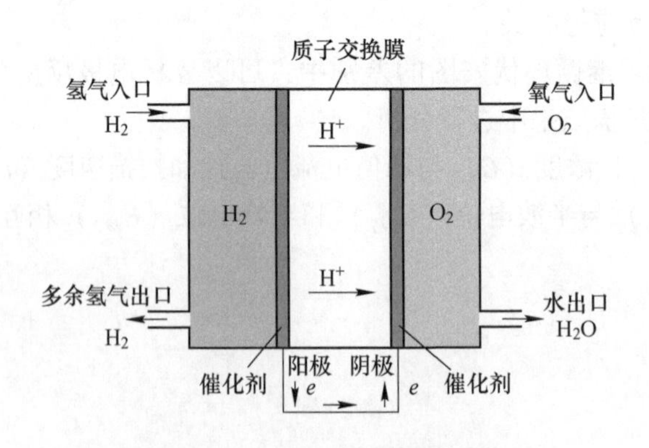

图 15-1　PEMFC 的结构示意图

图中的 PEMFC 中的工作原理相当于电解水的“逆”反应。如图 15-1 所示，氢气从 PEMFC 的阳极进入，在催化剂表面发生氢气氧化反应（HOR，Hydrogen Oxidation Reaction）产生质子和电子，称为阳极反应；质子经过质子交换膜（Nation）传导到阴极，电子通过外电路到达阴极；氧气从阴极进入，在催化剂表面发生氧气还原反应（Oxygen Reduction Reaction）生成水，称为阴极反应。反应式如下：

阳极反应：　　　$2H_2 \longrightarrow 4H^+ + 4e$，　E_0(vs. RHE) = 0V

阴极反应：　　　$O_2 + 4H^+ \longrightarrow 4e + 2H_2O$，　E_0(vs. RHE) = 1.23V

总反应：　　　$2H_2 + O_2 \longrightarrow 2H_2O$

该反应的动力学对于燃料电池的输出非常重要。在低温燃料电池中，上述反应被大的活化能垒限制，但通过催化剂诱导产生低能中间体能够有效解决，因此，高效的催化剂是PEMFC 研究中最重要的一个环节。

催化剂的电化学性能和氧化还原催化活性通过循环伏安法（CV，Cyclic Voltammetry）和线性扫描伏安法（LSV，Linear Sweep Voltammetry）进行表征。

控制电极电势按恒定速度，从起始电势 E_i 变化到某一电势 E_λ，或在完成这一变化后立即按相同速度再从 E_λ 变到 E_i 或在 E_i 和 E_λ 之间多次往复循环变化，同时记录相应的响应电流，通称为线性电势扫描伏安法（LSV）。电极电势的变化率称为扫描速率，为一常数，即 $v = \left|\frac{dE}{dt}\right| = \text{const}$。测量结果常以 i-t 或 i-E 曲线表示，其中 i-E 曲线也叫伏安曲线。线性电势扫描伏安法中常用的电势扫描波形如图 11-1 所示。

采用电势扫描法能在很短时间内观测到宽广电势范围内电极过程的变化，测得的 LSV 曲线完全不同于稳态的电流-电势曲线。通过 LSV 曲线进行数学解析，可以推得峰值电流（i_p）、峰值电势（E_p）与扫描速度（v）、反应粒子浓度（c）及动力学参数等一系列特征关系，为电极过程的研究提供丰富的电化学信息。

电化学性能的测试在上海辰华 CHI660D 电化学工作站上完成。工作电极为美国 Pine-Research 公司的旋转圆盘电极（RDE，Rotating Disk Electrode），电极材料为玻碳（GCE，Glassy Carbon Electrode），电极直径为 5mm。工作电极使用前均经过 0.05μm 的氧化铝粉末抛光。

15.3　实验主要仪器及试剂材料

RDE 旋转环盘电极装置、辰华电化学工作站 760E、三口电解池、电极材料为玻碳（GCE，Glassy Carbon Electrode），电极直径为 5mm，使用前均经过 0.05μm 的氧化铝粉末抛光。参比电极为 Ag/AgCl 电极，对电极为 Pt 丝电极。

0.1mol/L 的 $HClO_4$，0.1mol/L 的 NaOH，5%的 Nafion。

15.4　实验步骤

实验步骤：

（1）催化剂墨水的制备方法如下：将 2mg 的催化剂分散在 1mL 的无水乙醇中，加入 10mL 5%的 Nafion 分散液作为黏合剂，将含有催化剂和 Nafion 的混合物经过超声分散得到催化剂墨水。将 10mL 催化剂墨水滴在工作电极上使催化剂的负载量为 0.1mg/cm^2。

（2）电化学测试使用的电解液为 0.1mol/L 的 KOH 溶液或者 0.1mol/L 的 $HClO_4$ 溶液，参比电极为 Ag/AgCl 电极，对电极为 Pt 丝电极。

（3）循环伏安测试分别在 O_2 和 N_2 饱和的电解液中进行，扫速为 10mV/s。

（4）线性伏安法测试在 O_2 饱和的电解液中进行，电极旋转速度从 400r/min 到 1600r/min，扫速为 10mV/s。旋转圆环。

（5）圆盘电极（RDE，Rotating Disk Electrode）实验使用直径为 5mm 的电极，测试过程中环电极的电位恒定在 1.2V(vs. RHE）（可逆氢电极），转速为 900r/min，扫速为 10mV/s。

15.5 数据处理及分析

氧还原过程中的电子转移数通过 Koutecky-Levich 公式进行计算：

$$\frac{1}{j}=\frac{1}{j_k}+\frac{1}{B\omega^{0.5}} \tag{15-1}$$

式中，$B=0.2nF\,(D_{O_2})^{2/3}\,v^{-1/6}\,C_{O_2}$。

电子转移数 n 还可通过 RRDE 实验，根据环电流和盘电流进行计算，同时还可以得到氧化还原过程中的 H_2O_2 产率，计算公式如下：

$$H_2O_2(\%)=200\frac{i_r/N}{i_d+i_r/N} \tag{15-2}$$

$$n=\frac{4\,i_d}{i_d+i_r/N} \tag{15-3}$$

式中，i_r 为环电流；i_d 为盘电流；N 为环电流收集系数，通过 10mmol/L 的 $K_3[Fe(CN)_6]$ 的 0.1mol/L 的 KNO_3 溶液测得为 37%。

实验 16　双电层微分电容的测量及其在表面活性物质吸附研究中的应用

16.1　实验目的

（1）理解微分电容法研究表面活性物质在电极表面上吸附的原理。

（2）了解微分电容法研究表面活性物质吸附的方法及优点。

（3）掌握滴汞电极/溶液双电层微分电容的测量方法和实验技能。

16.2　实验原理

在电解池中，当电极和溶液接触时，由于带电粒子在两相间的转移，或者由于外电源的充电作用，使得电极表面和靠近电极表面的液层中产生数量相等、符号相反的剩余电荷，在异性电荷之间的静电引力的作用下，剩余电荷必然集中分布在界面的两侧，形成界面双电层。若将一个很小的电量 dq 引至电极表面，则溶液中必然有一个电量相等、符号相反的离子在界面出现，由此引起的电极电势变化为 $d\varphi$，则：$C_d = dq/d\varphi$，C_d 即为电极/溶液界面的微分电容。

一般外电路提供的电能，主要用于改变双电层结构和电极上的电化学反应，电极和整个电解池的等效电路分别如图 16-1 和图 16-2 所示，其中 Z_f 为由于进行电极反应造成的极化阻抗，称为法拉第阻抗；R_Ω 为溶液电阻和导线电阻，其中 C_{WE}、C_{CE} 分别是研究电极和辅助电极的双层微分电容；Z_{WE}、Z_{CE} 分别是研究电极和辅助电极的法拉第阻抗；C_L 表示研究电极和辅助电极之间的电容；R_L 表示研究电极和辅助电极之间的溶液电阻。

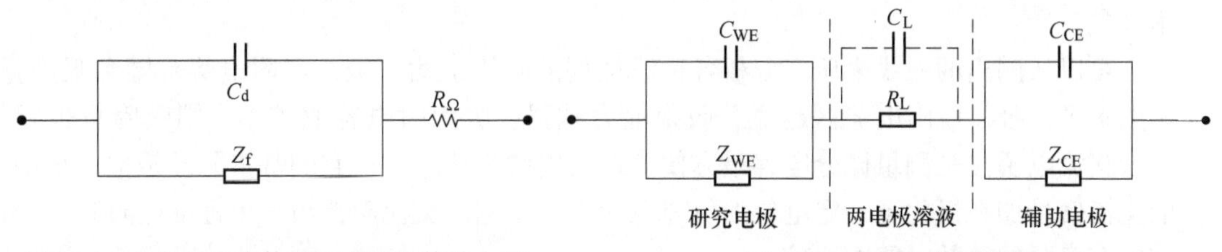

图 16-1　电化学反应体系下电极的等效电路

图 16-2　电解池等效电路

为测量研究电极双层电容，将电解池的阻抗进行简化。用小振幅（小于 100mV）、大频率（大于 1000kHz）的交流信号做电源，由于研究电极和辅助电极之间的距离比双电层厚度（不大于 10^{-5}cm）要大得多，因而 C_L 很小，容抗 $1/\omega C_L$ 很大，可认为 C_L 在电路中处于断路状态。选用大面积铂黑电极作为辅助电极，面积很小的滴汞电极为研究电极，则辅

助电极的双层电容 C_{CE}要远大于滴汞电极的 C_{WE}，而它的阻抗 $1/\omega C_{CE}$就相当小，则辅助电极总阻抗与研究电极相比可以忽略不计。采用滴汞电极可以实现在某一电位范围是理想极化电极，即不发生电化学反应，那么它的法拉第阻抗 Z_{WE}是无穷大，可以认为是开路。因此可以把图 16-2 进一步简化为图 16-3 所示的等效电路。

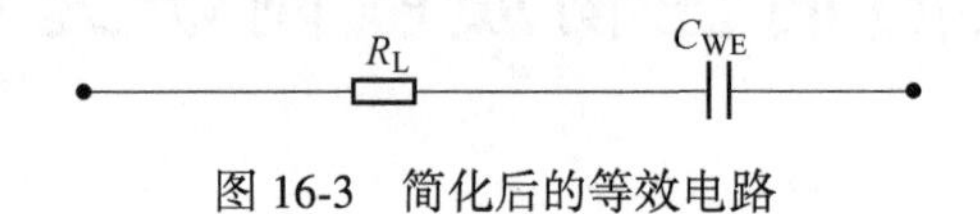

图 16-3 简化后的等效电路

电极/溶液界面的微分电容与电极电势有关，对不同电极电势下的微分电容值作图，便可得到微分电容曲线，如图 16-4 中曲线 1 所示。

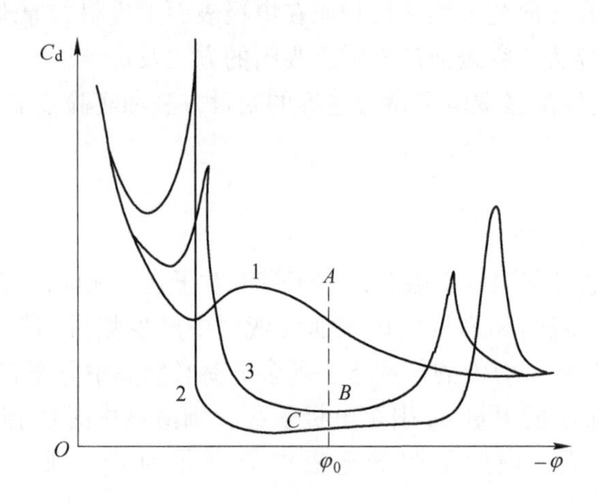

图 16-4 微分电容曲线

如果溶液中含有能在电极/溶液界面上吸附的表面活性物质，微分电容曲线将发生显著变化，如图 16-4 中曲线 2、3。在一定电位范围内，由于有机表面活性物质的吸附，位于双层之间的介电常数较高，体积较小的水分子被有机分子取代，电容值就降低了，曲线 2、3 出现了两个峰值，这是由于电极表面电场的变化，阻止了吸附过程，发生了吸、脱附现象。

可以从测出的曲线来研究分析各种添加剂的吸附能力，吸、脱附电势范围和吸附量。一般来讲，吸、脱附电势区越宽，吸附能力越强；吸附时电容值越小，则吸附量也就越大。交流电桥法是测量微分电容最方便、最精确的方法之一。它的基本原理是把一个很小的交流信号加在极化至一定电位的研究电极上，把它的交流阻抗与一个标准电阻和一个标准电容串联的等效电路相比较。

用交流电桥法测量电极阻抗的实验装置及线路如图 16-5 所示，它可以分成 5 个部分。Ⅰ：电桥与电桥平衡示零部分；Ⅱ：交流信号源部分；Ⅲ：直流极化部分；Ⅳ：交流信号电压的测量部分；Ⅴ：电极电位的测量部分。

交流电桥由 R_1、R_2构成电桥比例臂，R_s、C_s构成第三臂即测量臂，电解池为第四臂即被测量臂。

电桥的交流信号由信号发生器Ⅰ供给，经空心变压器 D 加到电桥 1 和 2 两端上。D 的

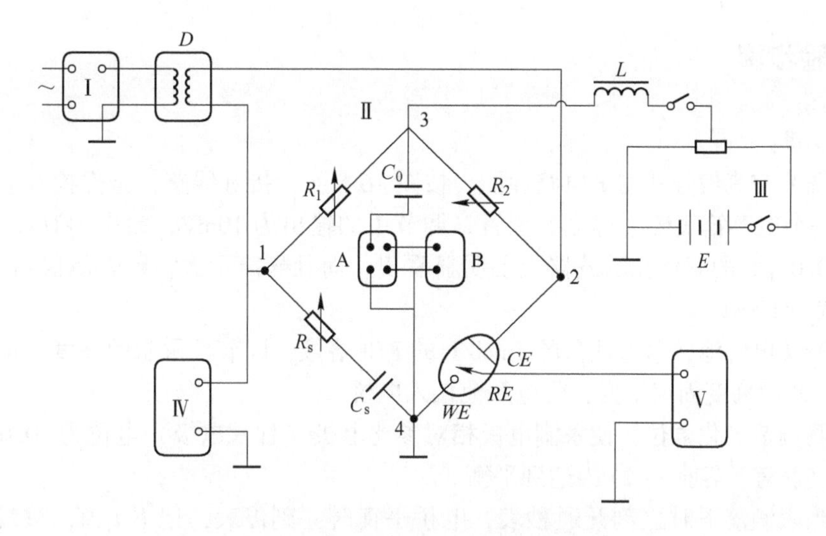

图 16-5　交流电桥测量微分电容线路图

Ⅰ—交流信号源；Ⅱ—电桥与电桥平衡示零电路；Ⅲ—直流极化电路；
Ⅳ—交流信号电压的测量电路；Ⅴ—电极电位的测量电路；
D—变压器；L—扼流圈；R_1，R_2，R_s—电阻箱；C_s，C_0—电容器；
A—选频放大器；B—示波器；CE—辅助电极；WE—研究电极；RE—参比电极

作用是为了使电桥只有一个接地点，使Ⅰ的输出阻抗与电桥阻抗相匹配。信号振幅由电子毫伏计测量，振幅小于 10mV，太大的信号虽然可以提高测量灵敏度，但此时所测量的数据将失去微分电容（$C_d = dq/d\varphi$）的性质。

当电桥未达到平衡时，电桥的 3 和 4 两端存在着不平衡的交流信号，由于加入的信号振幅小于 10mV，为获得足够高的准确度和避免外界磁场 50Hz 信号的干扰，将不平衡信号首先送入选频放大器 A，然后再送入示波器 B 的 y 轴（x 轴处于扫描档），则示波器上呈现出正弦信号。当电桥平衡时，3、4 两端信号为零，示波器上呈一条直线。

直流极化采用可调式直流电源输出的直流电压来调节。直流信号经过扼流圈 L（它是用来阻止交流进入直流电路）加到电桥端点 3 上，再经 R_2 进入电解池，这样可以避免直流电路对电解池的分路作用。电容器 C_0 是为了防止直流信号进入平衡显示器部分。

滴汞电极从开始长大到电桥平衡所经过的时间 t 是用电秒表测量的，以便从 t 计算出电桥平衡时汞电极的面积。为了提高测量精确度，一般采用“末期平衡”，即适当调节 R_s、C_s，使电桥在汞滴落下前 1~2s 时达到平衡。汞滴周期一般控制在 6~10s 之间。利用末期平衡可减少测量的相对误差，又利用电极建立吸附平衡，这在活性物质浓度不大时，更为重要。

16.3　实验主要仪器及试剂材料

高周波电阻箱，标准电容箱，0.1μF 电容器，交流信号发生器，变压器，扼流圈，直流电源，示波器，电容器，甘汞电极，1mol/L 的 KCl 溶液，铂黑电极，储汞瓶，导线若干。

16.4 实验步骤

实验步骤：

（1）调节交流信号并测试电路性能。按图 16-5 所示接好线路，全部检查无误，接通电源，用一个电容箱代替电解池的位置，调节 Ⅰ 的输出为 10mV，频率 1kHz，试调 R_s 和 C_s，如有 0.01μF 的变化在示波器上能明显看出，而且噪声不大，则表示仪器工作正常，调整 $R_1=R_2=100\Omega$。

（2）清洗电解池，移入适量的 1mol/L 的 KCl 溶液，调节贮汞瓶的高度，使汞滴时间为 6~10s。此后高度固定不变，将电解池接入电桥。

（3）测调节极化电位，使汞滴电极相对参比电极（甘汞电极）电位为-0.01V，调节 R_s、C_s，使汞滴下落前 1~2s 内达到平衡。

（4）当汞滴落下时立刻开通秒表，电桥平衡时立刻停表，记下 t 值，重复 3~4 次，要求误差在 0.1s 内，取平均值。并记录 R_s、C_s 值。

（5）电位每负向移动 0.1V，重复（1）、（2）步骤，记录相应的 φ 、t、R_s、C_s 值，直到测试电位达到-1.8V 时为止（在吸、脱附峰时，每次电位可改变 0.05V）。

16.5 实验注意事项

（1）为避免外磁场的干扰，电路中的电线均采用金属屏蔽线并很好地接地。

（2）滴汞电极，装置时毛细管必须放在垂直方向±5°以内，如果有较大的倾斜度，将产生不规律的汞滴下落。

16.6 实验数据处理及分析

记录 φ 、C_s、t_1、t_2、t_3，将记录数据输入到计算机的专用程序中，进行计算并绘图。

16.7 思考题

用此方法测量微分电容时，为了能够合理地对问题进行简化，如何选用实验仪器和测试条件？

实验 17　金属覆盖层电化学行为及界面防腐机理研究

17.1　实验目的

（1）理解交流阻抗法的测试实验原理及实验技能。

（2）掌握 Nyquist 图的意义和电极反应的等效电路图。

（3）分析金属钝化覆盖层界面行为的机理。

17.2　实验原理

金属覆盖层防腐是一种新型、长效的平台金属结构防腐形式，与有机包覆层和阴极保护的防腐形式相比，具有防腐寿命长、表层不易脱落等优点。通过金属覆盖前后极化电阻、界面电容等数值的测定，可以反应金属的腐蚀性能。

交流阻抗法是一种以小振幅的正弦波电位（或电流）为扰动信号，叠加在外加直流电压上，并作用于电解池，通过测量系统在较宽频率范围的阻抗谱，获得研究体系相关动力学信息及电极界面结构信息的电化学测量方法。

复数阻抗的测量是以复数形式给出电极在一系列频率下的阻抗，不仅能给出阻抗的绝对值，还可给出相位角，可为研究电极提供较丰富的信息。对于一个电化学反应控速的电极过程，可等效成如图 17-1 所示的电路。

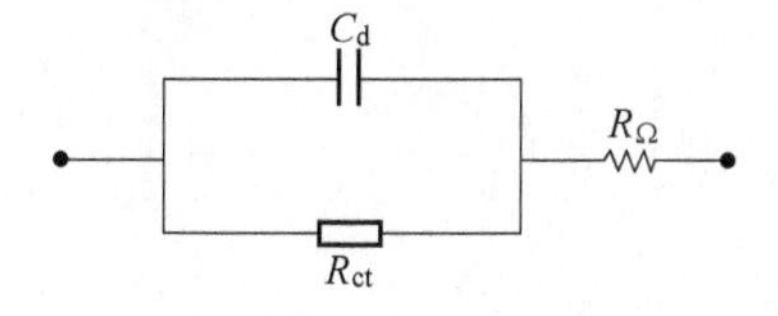

图 17-1　测试电池的等效电路

图 17-1 中，R_Ω为溶液电阻，C_d为电极/溶液的双电层电容，R_{ct}为该体系的电荷转移阻抗。此等效电路的总阻抗为：

$$Z = R_\Omega + \frac{1}{\frac{1}{R_{ct}} + j\omega C_d} = R_\Omega + \frac{R_{ct}}{1 + \omega^2 C_d^2 R_{ct}^2} - \frac{j\omega C_d R_{ct}^2}{1 + \omega^2 C_d^2 R_{ct}^2} \tag{17-1}$$

其中，实部为：

$$Z' = R_\Omega + \frac{R_{ct}}{1 + \omega^2 C_d^2 R_{ct}^2} \tag{17-2}$$

虚部为：

$$-Z'' = \frac{j\omega C_d R_{ct}^2}{1 + \omega^2 C_d^2 R_{ct}^2} \tag{17-3}$$

对于每一个 ω 值，都有相应的 Z'与 Z''，在复数阻抗平面内表示为一个点，连接各 ω 的阻抗点，得到一条曲线，成为复数阻抗曲线，如图 17-2 所示。

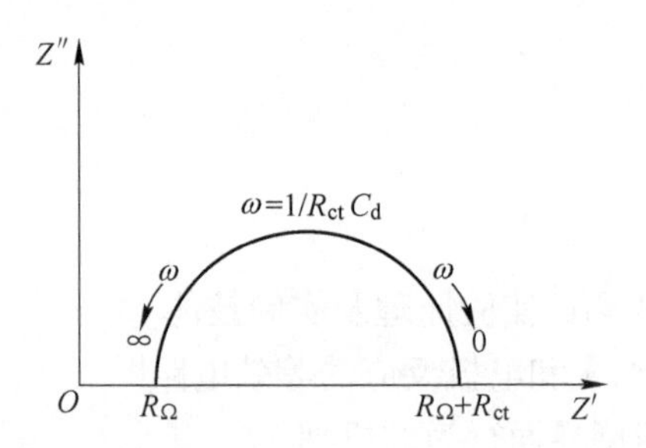

图 17-2 等效电路图 17-1 的复数阻抗图

当 $\omega \to \infty$ 时，半圆与 Z'轴的交点即为电解质溶液的电阻 R_Ω，当 $\omega \to 0$ 时，半圆与 Z'轴的交点即为 $R_\Omega + R_{ct}$。一般情况下，电解质溶液的电阻 R_Ω 可忽略，因此，根据半圆与 Z'轴的交点即可求得电极体系的电阻 R_{ct}；当 $\omega = \omega_{max}$（ω_{max}为半圆最高点的角频率）时，据公式 $C_d = \frac{1}{\omega_{max} R_{ct}}$ 可求得电极/溶液的双电层电容 C_d。

17.3 实验主要仪器及试剂材料

电化学工作站 1 台；电脑 1 台；镍电极（未进行钝化的镍电极）1 只；镍电极（钝化态镍电极）1 只；饱和甘汞电极（参比电极）2 只；光亮铂电极（辅助电极）2 只；500mL 烧杯 2 个；固定支架 1 个；丙酮；NaCl（3%）。

17.4 实验步骤

实验步骤：

（1）将预处理好的镍电极（即未进行钝化的镍电极）放入电解池，将 3.5%NaCl 溶液作为电解液加入电解池，连接好测量线路（一般红色夹头接对电极，白色夹头接参比电极，绿色夹头接工作电极）。

（2）依次打开电化学工作站（见图 2-1）、计算机、显示器等电源，预热 30min 后启动 CHI 软件。

（3）执行“Control”菜单中的“Open Circuit Potential”命令，获得起始电位（见图 2-2）。

（4）在电化学工作站上测定镍电极的交流阻抗谱。在“Setup”菜单中执行“Technique”命令，在显示的对话框中选择“A. C. Impedance ”进入参数设置界面（如未出现参数设置界面，再执行“Setup”菜单中的“Paraments”命令进入参数设置界面）。实验条件设置如下：Init E（电位）：步骤（3）测得的起始电位；High Frequency（高频率）：10^5Hz；Low Frequency（低频率）：0.1Hz；Amplitude（所加正弦波信号的幅度）：0.005V；Quiet Time（s）：2s；其他为默认值，然后点击“OK”退出（见图 17-3）。

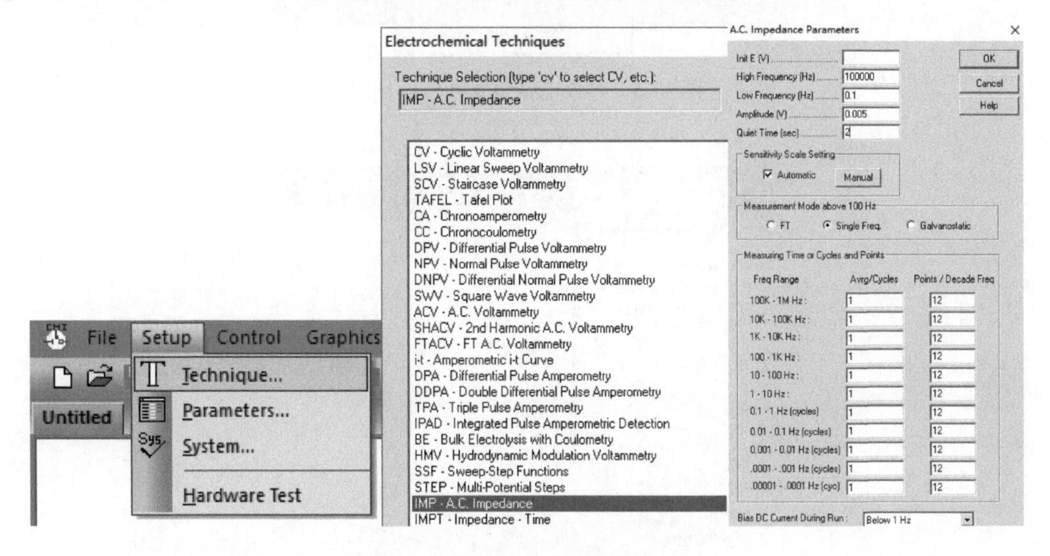

图 17-3　阻抗测试过程参数设置图

（5）执行“Control”菜单中的“Run Experiment”命令，开始交流阻抗实验（见图 2-5）。

（6）完成后，将测出的数据保存为目标格式（见图 17-4）。

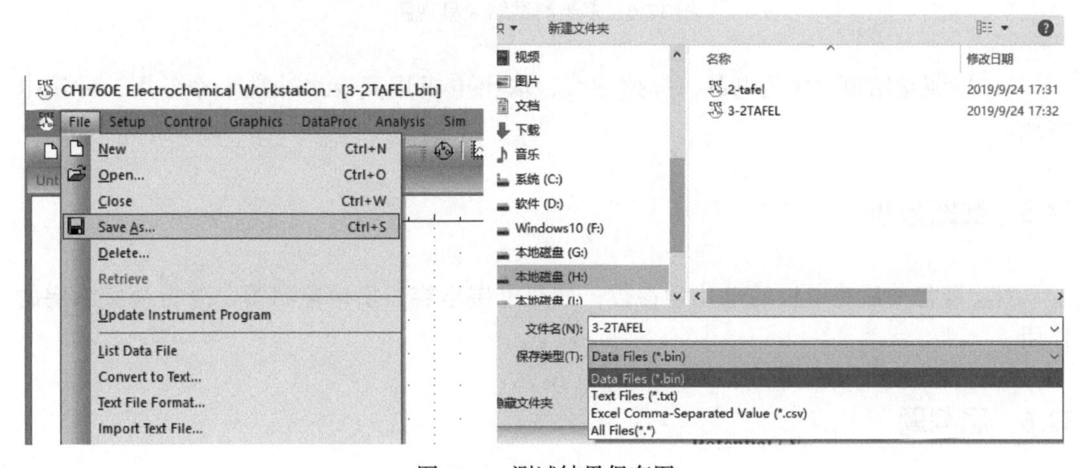

图 17-4　测试结果保存图

（7）执行“Sim”菜单中的“Mechanism”命令，建立等效回路模型，对实验结果进行拟合，获得双电层结构模型及电路元件参数（见图 17-5）。

（8）取镍电极进行钝化，在稳定钝化区终止实验，获得钝化膜，重复步骤（3）~（7），比较钝化前后镍电极反应电阻的变化。

（9）打开“Graphics”，选择“Add Date to Overlay”对实验结果进行叠加并分析（见图 17-6）。

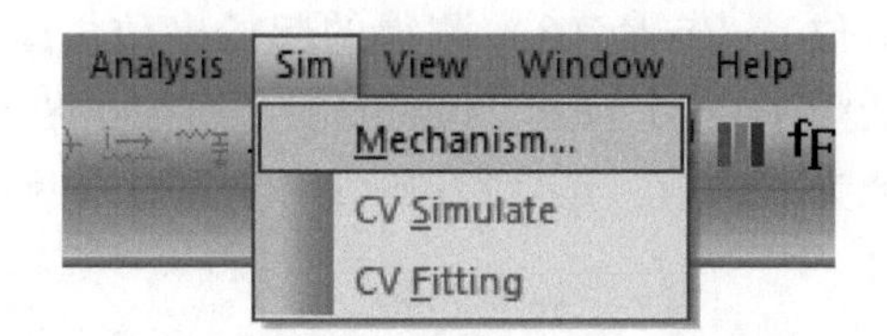

图 17-5　等效电路建立软件操作图

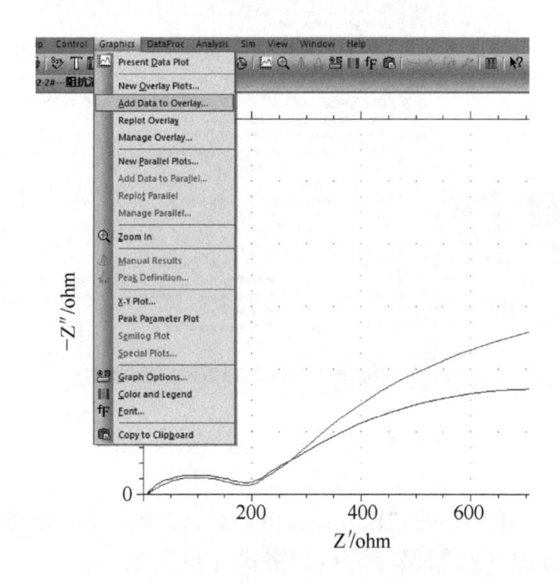

图 17-6　多组测试结果呈现图

（10）测量结束，关闭电源，拆掉导线，取出电极用蒸馏水冲洗干净备用，冲洗电解池。

17.5　数据分析

对比钝化前后镍电极的电化学参数，如双电层电容、反应电阻等，分析金属涂层的作用。

17.6　思考题

（1）分析交流阻抗图中的中高频区出现半圆压扁等不规则的原因？

（2）根据实验，如何合理的选择等效电路图进行图形的拟合处理？

实验 18　电化学阻抗法研究偏高岭土水泥浆料的性能

18.1　实验目的

（1）熟悉水泥的交流阻抗测试方法。

（2）掌握电化学阻抗谱的拟合和解析方法。

18.2　实验原理

国内外研究资料表明，水泥材料在水化过程中，内部会发生电化学反应。该反应为发生在固/液界面上的氧化还原反应，是一个法拉第过程，包括传质过程（反应物在溶液中的迁移过程）和电荷传递过程（反应物在固体表面的吸附、反应、脱附过程）两部分。图 18-1 所示为一典型水泥材料电化学反应过程的电化学阻抗曲线的 Nyquisit 图（Randles 型），该曲线高频区为半圆形圆弧，反映电荷传递过程；低频区为一条倾斜的直线，反映传质过程。

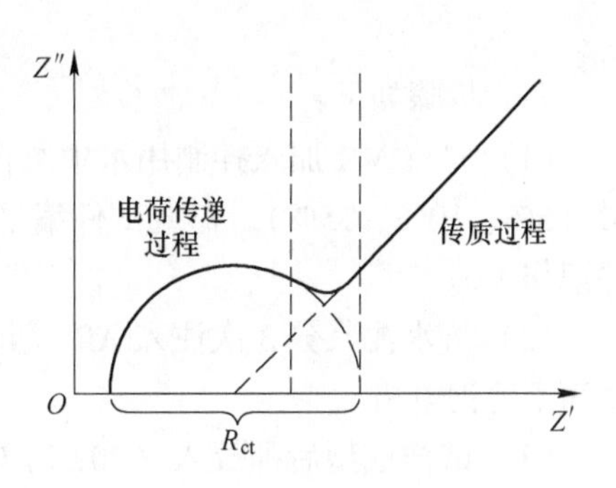

图 18-1　典型的 Randles 型 Nyquist 图

水化 24h 以内普通水泥浆电化学阻抗谱的 Nyquisit 图如图 18-2 所示，其中高频区与横坐标轴的交点为孔隙溶液电阻 R_s。由图 18-2 可以看出，水化不超过 12h 时，水泥浆阻抗谱曲线在高频区出现了负电容，属非 Randles 型阻抗谱曲线，表明此时水泥浆内部未发生电化学反应，高频区出现负电容是由阻滞效应所致。随水化时间延长，水泥浆孔隙溶液电阻 R_s 逐步增大，水化时间为 15min、4h、8h 和 12h 时水泥浆 R_s 值分别为 17.5Ω、18Ω、24Ω 和 30Ω，主要是水化产物占据水泥浆内部空间引起孔隙率降低所致。水化达到 24h 时，水泥浆阻抗谱曲线由非 Randles 型转变为 Randles 型。究其原因，主要是水泥水化过程中电化学反应只能在水化硅酸钙凝胶（C-S-H）表面发生，只有当水泥浆内 C-S-H 凝胶量足够时电化学反应才能正常进行。水泥水化 24h 后，水泥浆阻抗谱曲线转变为 Randles 型，说明此时水泥浆内已经积累了足够量的 C-S-H 凝胶，使水泥浆内部电化学反应得以正常进行；同时出现 Randles 型阻抗谱曲线也说明水泥浆内部不连通的孔道结构开始形成。

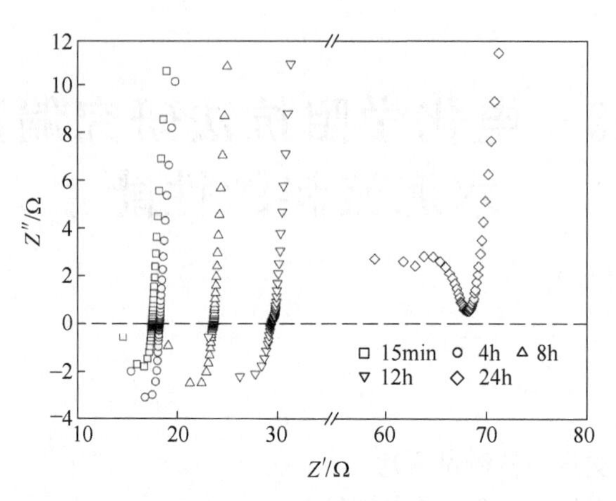

图 18-2 水化 24h 内普通水泥浆的 Nyquist 图

18.3 实验主要仪器及试剂材料

电化学工作站 1 台，ABS 塑料模具（模具尺寸为 40mm×40mm×40mm），镜面不锈钢电极，水泥养护室，基准水泥，偏高岭土（MK），蒸馏水。试验中正弦交流电幅值为 10mV，测试频率 7MHz~0.01Hz。

18.4 实验步骤

实验步骤如下：

（1）先将 MK 加入拌制用水中搅拌均匀，随后将悬浊液加入水泥中搅拌，3 种 MK 掺量（5%、10%、15%），对应试件编号分别为 M5、M10、M15，不掺 MK 的普通水泥浆试件记作 M0。

（2）将水泥浆分 3 次注入 ABS 塑料模具中插捣密实，模具内侧贴有 2 片相对布置的镜面不锈钢电极。

（3）试样成型后即放入（20±1）℃雾室中养护至规定龄期（7d、14d、21d 和 28d）。连接好测量线路（一般红色夹头接对电极，白色夹头接参比电极，绿色夹头接工作电极）。

（4）依次打开电化学工作站、计算机、显示器等电源，预热 30min 后启动 CHI 软件。

（5）执行“Control”菜单中的“Open Circuit Potential”命令，获得起始电位。

（6）在电化学工作站上测定镍电极的交流阻抗谱。在“Setup”菜单中执行“Technique”命令，在显示的对话框中选择“A. C. Impedance”进入参数设置界面（如未出现参数设置界面，再执行“Setup”菜单中的“Paraments”命令进入参数设置界面）。实验条件设置如下：Init E（电位）：步骤（5）测得的起始电位；High Frequency（高频率）：7×10^{6} Hz；Low Frequency（低频率）：0.01Hz；Amplitude（所加正弦波信号的幅度）：0.005V；Quiet Time（s）：2s；其他为默认值，然后点击“OK”退出。

(7) 执行“Control”菜单中的“Run Experiment”命令，开始交流阻抗实验。

(8) 执行“Sim”菜单中的“Mechanism”命令，建立等效回路模型，对实验结果进行拟合，获得双电层结构模型及电路元件参数。

(9) 将步骤 (3) 中不同养护时间的水泥采用上述步骤 (4) ~ (8) 的测试，对比试样阻抗的变化。

(10) 打开“Graphics”，选择“Add Date to Overlay”，对实验结果进行叠加并分析。

(11) 测量结束，关闭电源，拆掉导线，取出电极用蒸馏水冲洗干净备用。

18.5 数据处理与分析

(1) 画出水泥阻抗的谱图，分析水泥阻抗随养护时间变化规律。

(2) 建立合理的等效电路图，并拟合出电化学过程中的阻抗值。

18.6 等效电路模型的建立与验证过程示例

18.6.1 等效电路模型的建立

在对水泥基材料电化学阻抗谱的解析及应用中，等效电路法被普遍采用。该方法通过由电容、电感、电阻等电化学原件串、并联组成的等效电路模型分析电化学体系的阻抗谱曲线，用所获得电化学原件的参数值来表征所研究电化学体系的特征。水泥浆内部固/液界面实为水化产物与孔溶液间的界面，电荷传递反应在粗糙的水化产物表面进行，粗糙的固体表面使得固/液界面双电层电容随频率变化，导致实测水泥浆阻抗谱曲线发生“偏转”，产生弥散效应。考虑到这种“弥散效应”的影响，为了从 MK 水泥浆的阻抗谱曲线中准确地获得电化学参数，本实验建立一种考虑弥散效应的等效电路模型（见图 18-3），模型用等效电路代码（Circuit Description Code）表示为：$R_0(CPE_1(R_{ct1}W_1))(CPE_2(R_{ct2}W_2))$。其中，$R_0$为水泥浆孔隙溶液电阻；$R_{ct1}$为水泥浆内发生电荷传递过程的电阻；$R_{ct2}$为水泥浆/电极间电荷传递过程的电阻；$W_1$为水泥浆内发生扩散过程的 Warburg 阻抗；$CPE_1$为反映水泥浆内部固/液界面双电层性质的常相角元件；CPE_2为反映水泥浆/电极界面双电层性质的常相角元件；CPE 是一种特殊电化学元件。

18.6.2 模型的验证

为了验证模型的有效性，这里以 M15 试件养 28d 时阻抗谱的 Nyquist 图为例，分别利用：(1) 模型 A：考虑弥散效应，忽略水泥浆/电极界面间法拉第过程的等效电路模型，等效电路代码为 $R_0(CPE_1(R_{ct1}W_1))$；(2) 模型 B：忽略弥散效应，考虑水泥浆/电极界面法拉第过程的等效电路模型（Dong 模型），等效电路代码为 $R_0(Q_1(R_{ct1}W_1))(Q_2(R_{ct2}W_2))$（Q 为双电层电容）；(3) 模型 C：同时考虑弥散效应、水泥浆/电极界面法拉第过程的等效电路模型（示例模型）等 3 种模型进行分析，对比 3 种模型的分析效果（见图 18-4）。

由图 18-4 可以看出，模型 A 的低频区阻抗谱曲线与实测曲线偏差较大，这与 Dong 的研究结果一致（见图 18-4 (a)）；模 B 的高频区阻抗谱曲线更接近半圆，与实际已发生

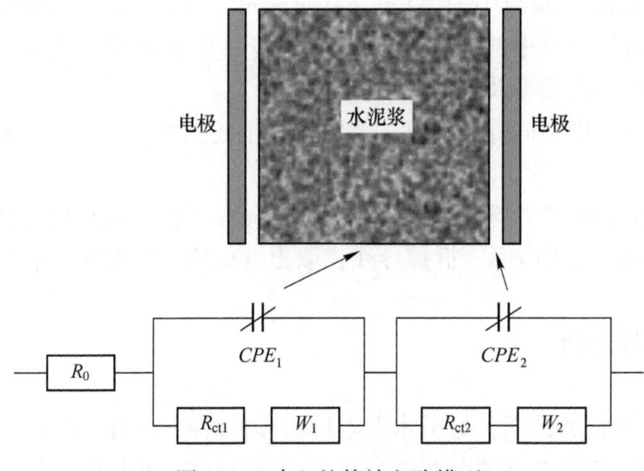

图 18-3　建立的等效电路模型

“偏转”的实测曲线偏差较大（见图 18-4（b）），可见模型 B 并不适用于分析该试验结果；模型 C 对高、低频区阻抗谱曲线的分析结果都较为理想（见图 18-4（c））。

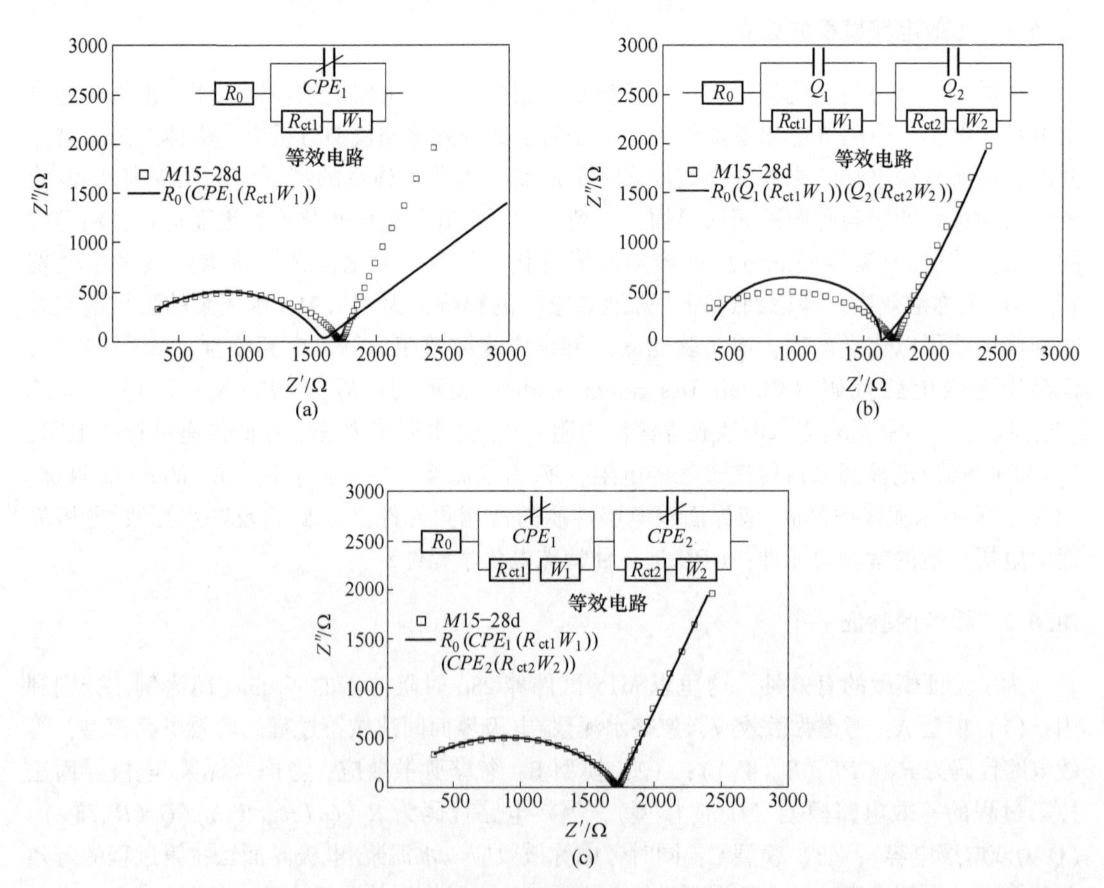

图 18-4　三种等效电路模型分析结果

(a) $R_0(CPE_1(R_{ct1}W_1))$；(b) $R_0(Q_1(R_{ct1}W_1))(Q_2(R_{ct2}W_2))$；(c) $R_0(CPE_1(R_{ct1}W_1))(CPE_2(R_{ct2}W_2))$

利用模型分析得到的电化学参数 R_{ct1} 值列于表 18-1。由表 18-1 可以看出，相同龄期水泥浆 R_{ct1} 随 MK 掺量增加而增大，养护 28d M15 R_{ct1} 值较 M0 增加 9 倍多；相同 MK 掺量水泥浆早期（小于 14d）R_{ct1} 增长速度较快，最多达 7.3 倍（M15）；随着龄期增加，达到 14d 之后，R_{ct1} 增长较慢。

表 18-1　不同龄期水泥浆的 R_{ct1}

龄期/d	R_{ct1}/Ω			
	M0	M5	M10	M15
7	97.9	115.1	183.5	324
14	128.5	277.1	673.2	1072
21	160.0	348.2	1058.0	1648
28	163.4	362.7	1178.0	1691

实验 19 柔性锂离子电池设计中交流阻抗测试方法的应用

19.1 实验目的

（1）掌握交流阻抗测试的基本原理与测试方法。

（2）熟悉交流阻抗测试结果的拟合与分析。

19.2 实验原理

电池阻抗影响电池的功率大小、使用寿命和安全性能，是评价电池质量的重要指标之一。交流阻抗能够有效表征电池电化学过程中的阻抗值。交流阻抗法是一种以小振幅正弦波电位（或电流）为扰动信号的电化学测量方法。对于一个稳定的线性系统 M，如以一个角频率为 ω 的正弦波电信号（电压或电流）X 为激励信号输入该系统，相应的从该系统输出一个角频率为 ω 的正弦波电信号（电流或电压）Y，Y 即是响应信号。Y 与 X 之间的关系为：

$$Y = G(\omega) \cdot X \tag{19-1}$$

式中，G 为频率的函数，即频响函数，它反映系统 M 的频响特性，由 M 的内部结构所决定。因而可以从 G 随 X 与 Y 的变化情况获得线性系统内部结构的有用信息。如染料敏化太阳能电池的内部电子传输过程可以看作一个黑箱模型 M，对 M 进行动态处理如图 19-1 所示。

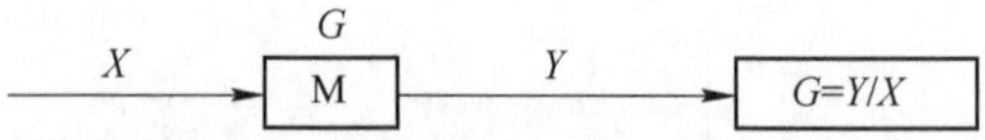

图 19-1 阻抗测试模型

如果扰动信号 X 为正弦波电流信号，而 Y 为正弦波电压信号，则称 G 为系统 M 的阻抗。对于阻抗一般用 Z 来表示，阻抗是一个随频率变化的矢量，用变量为角频率 ω 的复变函数表示，即用 Z' 表示实部，用 Z'' 表示虚部，有

$$Z(\omega) = Z'(\omega) + jZ''(\omega) \tag{19-2}$$

阻抗的表示有两种方式：（1）奈奎斯特（Nyquist）图。阻抗是一个矢量，用其实部为横轴，虚部为纵轴来绘图，以表示体系频谱特征的阻抗平面图，称之为奈奎斯特（Nyquist）图。（2）波特（Bode）图。另一种表示阻抗频谱特征的是以 $\lg f$ 为横坐标，分别以 $\lg Z$ 和相位角为纵坐标绘成两条曲线，这种图为波特（Bode）图。这两种图都能反映出被测系统的阻抗频谱特征，从这两种图中就可以对系统进行阻抗分析。

19.3　实验主要仪器及试剂材料

实验主要仪器：行星式球磨机，真空干燥箱，涂布机，对辊机，手动冲片机，电子天平，手套箱，新威电池测试仪，上海辰华电化学工作站等。

试剂材料：$LiCoO_2$正极材料，导电剂（SP），电解液，隔膜，聚偏氟乙烯（PVDF），Li_2TiO_3锂片，N,N-二甲基吡咯烷酮（NMP），铜箔，铝箔，无水乙醇。

19.4　实验步骤

实验步骤为：

（1）将 SP、PVDF、NMP 分别于 $LiCoO_2$正极材料和 Li_2TiO_3负极材料采用行星球磨机球磨混合若干小时后分别涂布到铝箔和铜箔上，放入真空干燥箱干燥后，对辊、裁片，分别获得正负极电极片。

（2）在手套箱中组装成不同极耳设计（见图 19-2）的柔性电池，取出后陈化 24h。

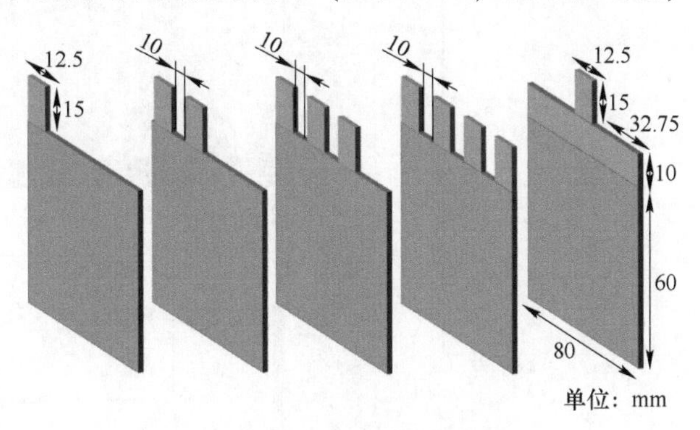

图 19-2　不同极耳结构设计

（3）先将电化学工作站与电脑连接，依次打开电化学工作站、计算机、显示器等电源，预热 30min 后启动 CHI 软件。

（4）连接好测量线路（一般红色夹头接对电极，白色夹头接参比电极，绿色夹头接工作电极）。

（5）执行“Control”菜单中的“Open Circuit Potential”命令，获得起始电位。

（6）在“Setup”菜单中执行“Technique”命令，在显示的对话框中选择“A. C. Impedance”进入参数设置界面（如未出现参数设置界面，再执行“Setup”菜单中的“Paraments”命令进入参数设置界面）。实验条件设置如下：Init E（电位），步骤（5）测得的起始电位；High Frequency（高频率），10^5 Hz；Low Frequency（低频率），0. 1Hz；Amplitude（所加正弦波信号的幅度），0. 005V；Quiet Time（s），2s；其他为默认值，然后点击“OK”退出。

（7）执行“Control”菜单中的“Run Experiment”命令，开始交流阻抗实验。

（8）完成后，将测出的数据保存为目标格式。

(9) 将步骤 (2) 中不同设计的电池采用上述步骤 (4) ~步骤 (8) 的测试，对比试样阻抗的变化。

(10) 打开 “Graphics”，选择 “Add Date to Overlay” 对实验结果进行叠加并进行初步的定性分析。

(11) 测量结束，关闭电源。

(12) 将保存文件导入至 Z-view 软件，进行阻抗值的拟合。打开 Z-view 软件，打开 “File”，选择 “Date Files”，选择测试结果，点击▶添加至右侧方框内，在☑" Fit"后面的下拉菜单选择将要拟合的数据文件，激活该数据后进行拟合 (见图 19-3~图 19-5)。

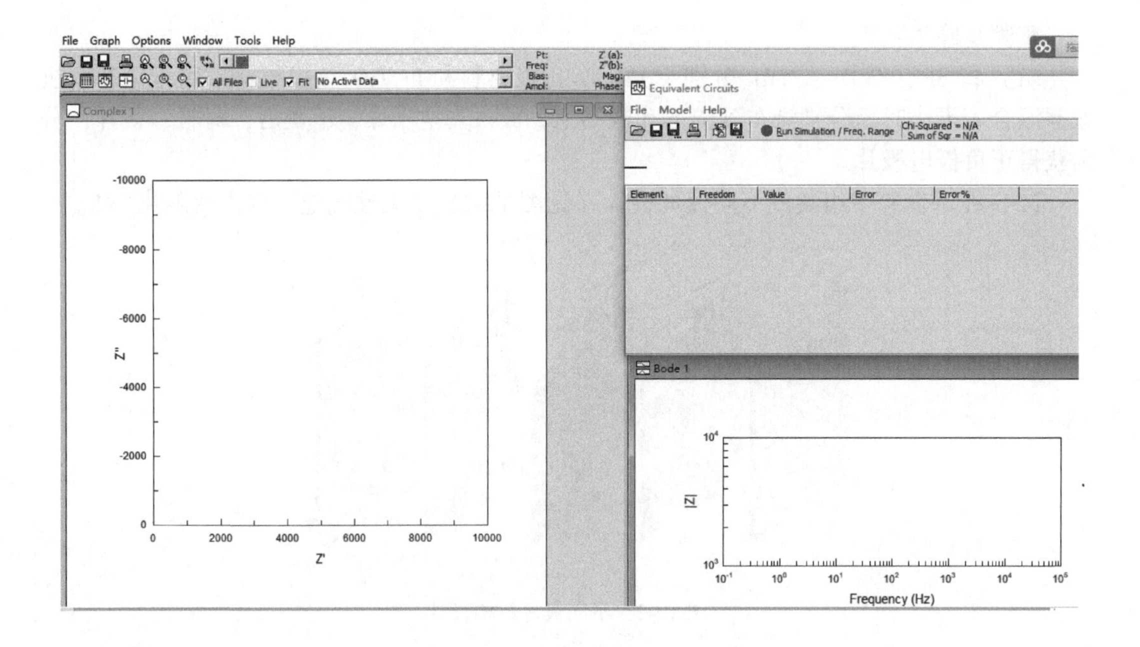

图 19-3　Z-view 软件起始界面图

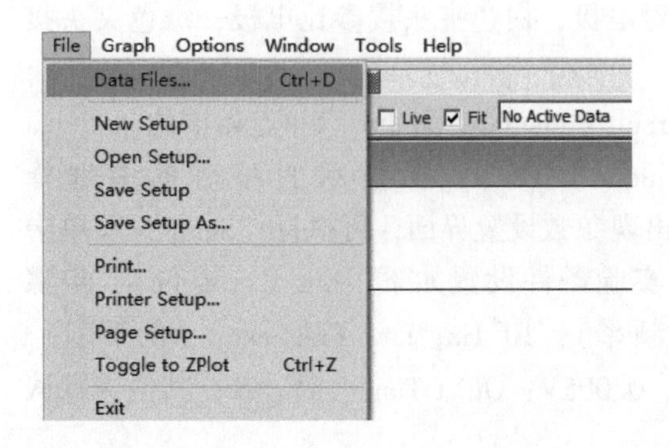

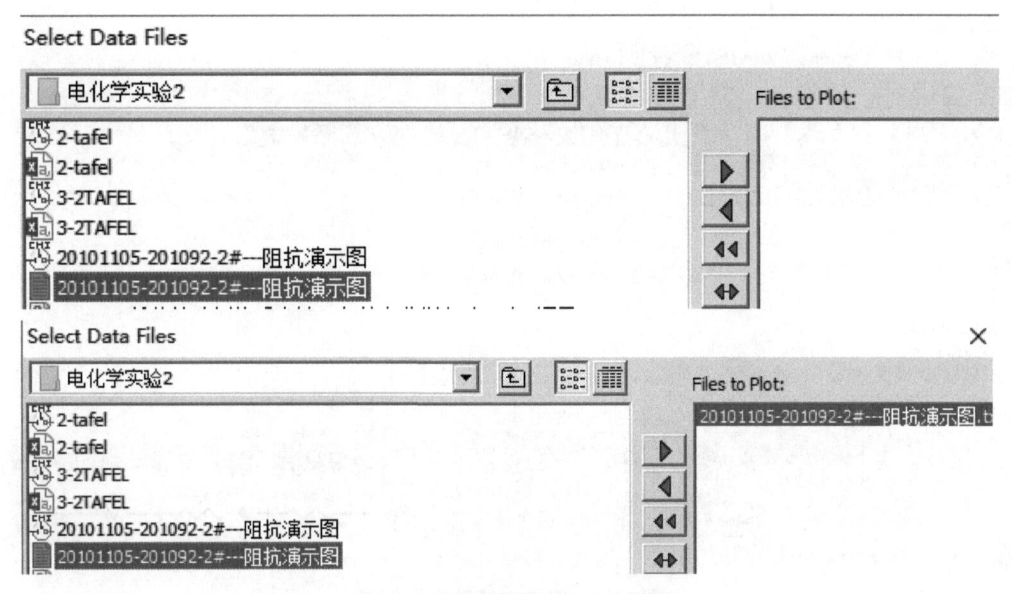

图 19-4　测试数据文件导入过程

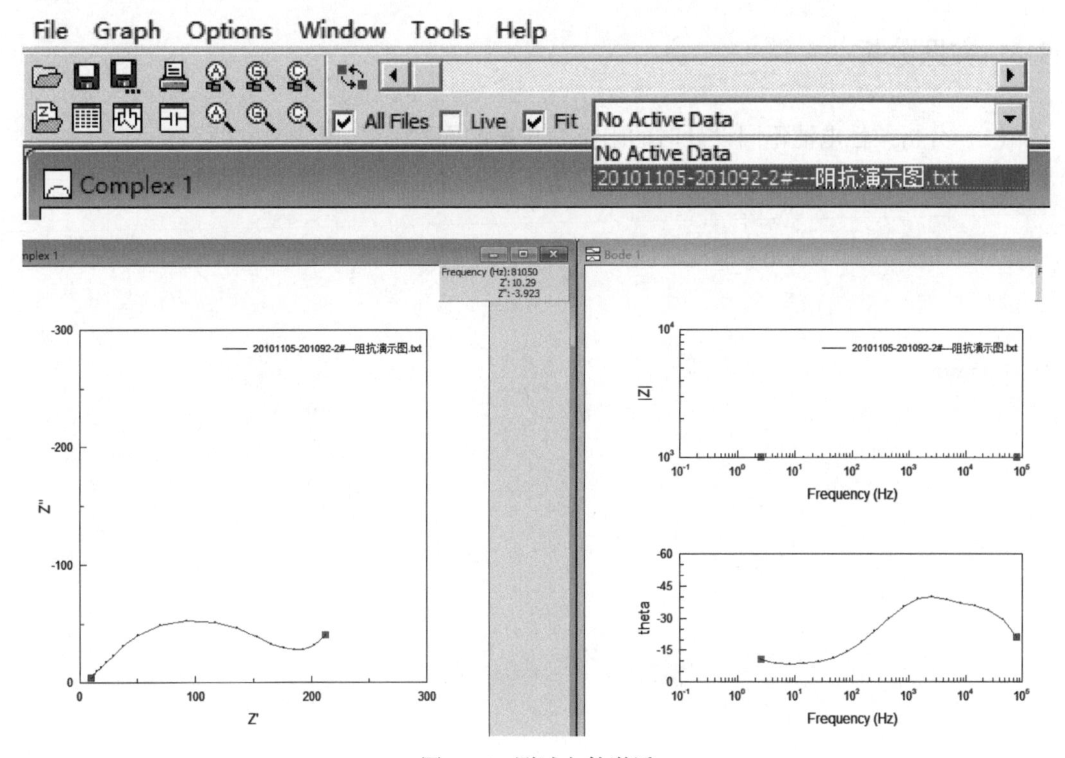

图 19-5　测试文件激活

（13）选择“Tools”中“Equivalent Circuits”，根据实验体系建立合适的等效电路图后，选择“Run Simulation”进行拟合，得到等效电路中各电阻元器件的数值（见图19-6）。

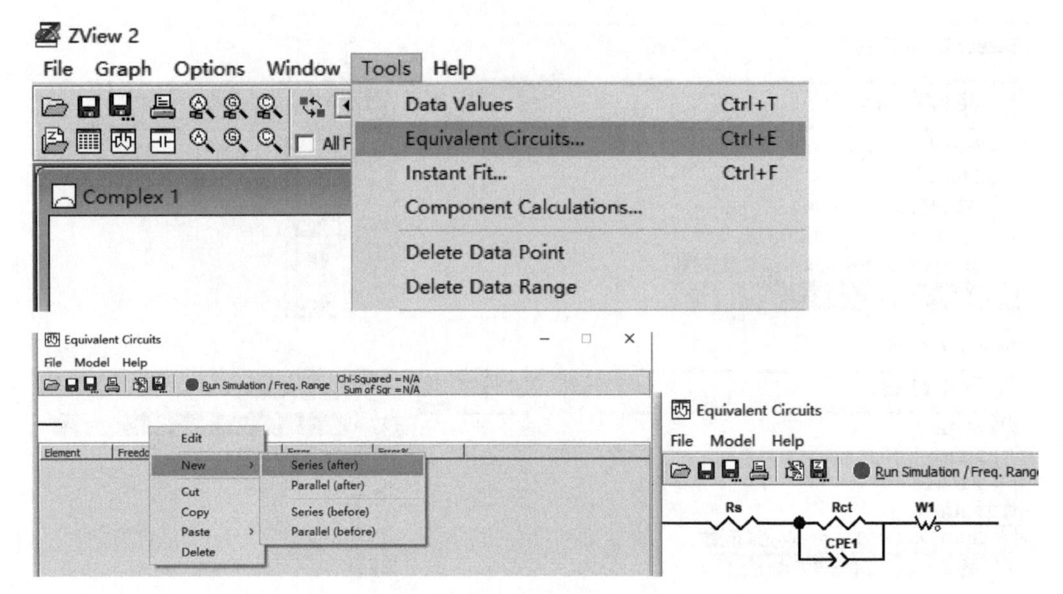

图 19-6　等效电路建立操作图

19.5　数据分析

（1）分析柔性电池不同设计时的阻抗变化影响因素。

（2）建立合理的等效电路图，对比分析不同等效电路时，拟合出阻抗值的差异。

实验 20　添加剂对低温电解液性能影响的研究

20.1　实验目的

（1）掌握锂离子扣式电池的制备方法。

（2）熟悉锂离子循环伏安和交流阻抗测试的实验原理。

（3）掌握循环伏安和交流阻抗测试的实验技能和处理测试结果的方法。

20.2　实验原理

锂离子电池低温存储技术是智慧城市发展的关键之一。商用电解液在低温下易凝固、阻抗高等缺陷限制了锂离子电池的进一步应用。因此，低温电解液的研发成为改善锂离子电池低温性能的研究热点之一。低温电解液的改性主要包括锂盐、溶剂等方面。低温电解液锂盐的研究重点在于发展具有低电荷转移阻抗和宽温范围的新体系锂盐，低温电解液溶剂的研究重点在于发展具有高介电常数、低熔点的混溶剂体系。可以看出：电解液阻抗、使用电压和温度范围是衡量改性后电化学性能优劣的重要指标。

本实验采用循环伏安法进行以等腰三角形的脉冲电压加在工作电极上，得到的电流电压曲线包括两个分支，如果前半部分电位向阴极方向扫描，电活性物质在电极上还原，产生还原峰，那么后半部分电位向阳极方向扫描时，还原产物又会重新在电极上氧化，产生氧化峰。因此一次三角波扫描，完成一个还原和氧化过程的循环，故该法称为循环伏安法。循环伏安法将循环变化的电压施加于工作电极和辅助电极之间，反应电流通过工作电极与辅助电极，记录工作电极上得到的电流与施加电压的关系曲线，其电流-电压曲线称为循环伏安图，如图 20-1 所示。

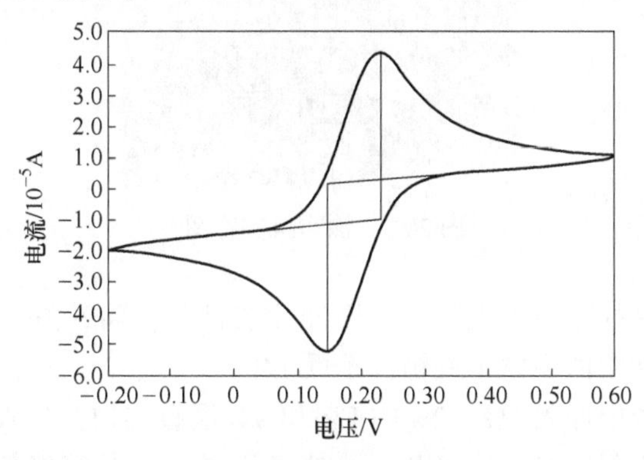

图 20-1　循环伏安图

循环伏安法（CV，Cyclic Voltammetry）是最重要的电分析化学研究方法之一。由于操作简便、图谱解析直观，得到了广泛应用。为了测试数据的精准性，循环伏安测试过程通常采用三电极体系。

20.3 实验主要仪器及试剂材料

实验主要仪器：真空干燥箱，涂布机，手动冲片机，手套箱，电子天平，充放电测试仪，电化学工作站，行星式球磨机等。

试剂材料：$LiNi_{0.8}Co_{0.1}Mn_{0.1}O_2$正极料，导电剂（SP），电解液，隔膜，聚偏氟乙烯（PVDF），金属锂片，N,N-二甲基吡咯烷酮（NMP），丁酸乙酯（EB），碳酸亚乙烯酯（VC）。

20.4 实验步骤

实验步骤为：

（1）制浆。按照正极材料：导电剂：黏结剂=90：4：6的比例，分别称取正极材料、SP、PVDF。将称取的PVDF置于小烧杯中，加入需要的NMP，放入120℃的烘箱中，待PVDF溶解后，加入正极材料和导电剂，用行星式球磨机搅拌均匀。

（2）涂布。打开涂布机，先用无水乙醇润洗的纸巾擦拭涂布机，裁剪合适大小的铝箔放到涂布机上，打开真空泵，调节刮刀高度，启动涂布机（见图20-2）。

图20-2　涂布机实物图

（3）干燥。将涂好的正极片烘干后，用冲片机冲片。将冲好的片称重并编号，做好记录，将正极片放入60℃的真空干燥箱，干燥12h。

（4）分别在电解液中加入1%、2%的EB和VC混合均匀，放入手套箱中备用。

（5）组装电池。将干燥好的正极片、小烧杯以及胶头滴管等放入手套箱，然后进行电池组装。电池组装顺序从下到上分别为：负极壳，金属锂片，隔膜，正极片，垫片，弹片，正极壳。然后放到压机上，压力压到 800～1000MPa；其中在放入隔膜和正极片之前都需滴入 1 或 2 滴添加剂改性后的电解液。将装好的电池取出，陈化 12h，待测。

（6）氧化、还原峰、安全电压测试。

1）接好实验装置（红色接头、白色接头接纽扣电池的负极，绿色接头接正极，黑色接头悬空，作为感受电极）。

2）依次打开电化学工作站（见图 2-1）、计算机、显示器等电源，预热 30min 后启动 CHI 软件。

3）执行“Control”菜单中的“Open Circuit Potential”命令，测量研究电极相对参比电极的自然电位。

4）在“Setup”菜单中执行“Technique”命令，选择“Cyclic Voltammetry”技术进入参数设置界面（未出现参数设置界面时，执行“Setup”菜单中的“Parameters”命令进入参数设置界面）（见图 20-3）。

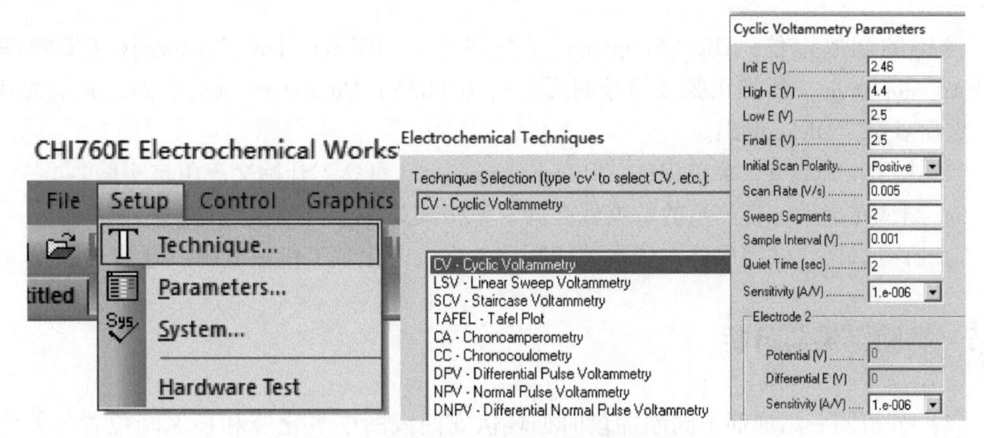

图 20-3　循环伏安法测试参数设置图

实验条件设置如下：Init E（初始电位），步骤 4）测得的自然电位；High E（最高电位），4.4V；Low E（最低电位），2.5V；Final E（截止电压），2.5V；Intial Scan Polarity（起始极化方向），Positive；Scan Rate（扫描速度），5mV/s；Sweep Segments（扫描段数），7；Sample Interval（V），0.001V；Quiet Time（静置时间），2s；Sensitivity（灵敏度），10^{-6}A/V。

5）执行“Control”菜单中的“Run Experiment”命令，开始极化实验。

6）测试结束，通过循环伏安曲线得到峰值参数，保存实验结果为目标文件（见图 20-4）。

7）更换所有试样测试完成后，依次关闭程序软件、电化学工作站电源、电脑。

（7）阻抗测试。

步骤 1）～3）与循环伏安测试中的步骤相同。

4）在“Setup”菜单中执行“Technique”命令，在显示的对话框中选择“A. C. Impedance”进入参数设置界面（如未出现参数设置界面，再执行“Setup”菜单中的“Paraments”命令进入参数设置界面）。实验条件设置如下：Init E（电位），步骤

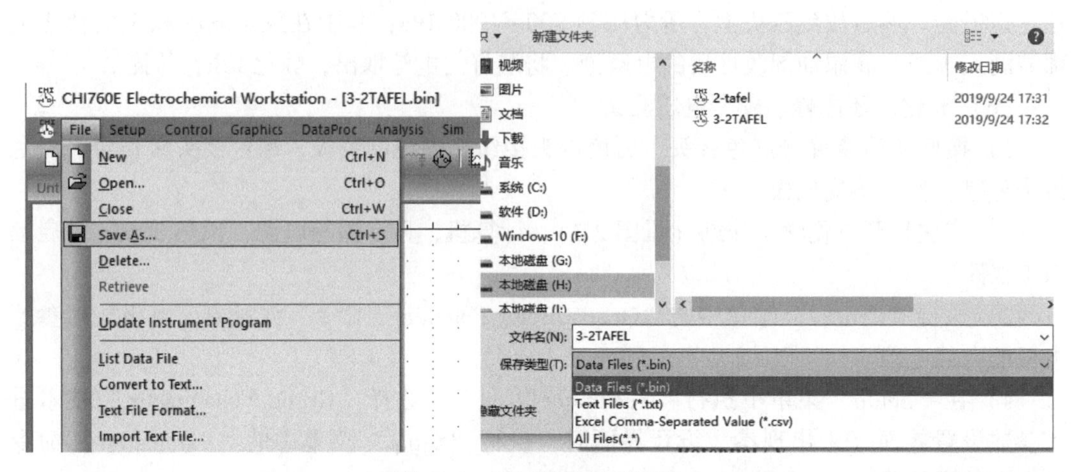

图 20-4　测试结果保存过程

(5) 测得的起始电位；High Frequency（高频率），10^5 Hz；Low Frequency（低频率），0.1Hz；Amplitude（所加正弦波信号的幅度），0.005V；Quiet Time（s），2s；其他为默认值，然后点击“OK”退出。

5）执行“Control”菜单中的“Run Experiment”命令，开始交流阻抗实验。

6）测试完成后，将测出的数据保存为目标格式文件。

7）所有试样测试完成后，依次关闭程序软件、电化学工作站电源、电脑。

20.5　实验结果与分析

（1）分析同一添加剂不同添加量时循环伏安曲线图中氧化峰和还原峰位置与数值的变化？

（2）加入不同添加剂后的电解液安全电压范围的变化？

（3）添加剂加入后对电池阻抗的影响？

实验 21　阳极溶出伏安法检测痕量金属

21.1　实验目的

（1）了解方波伏安法测试原理与测试方法。

（2）了解方波伏安法测试痕量金属离子的优缺点。

（3）掌握不同金属离子浓度与溶出曲线之间的关系。

21.2　实验原理

在重金属中，Cd^{2+}由于对人体有毒，会造成肾脏、肝脏、骨骼和血液的损害，且会导致相关的环境污染而受到特别重视。湖泊、河流和自来水被认为是为人类和生态系统提供淡水的天然水库，快速检测水污染，尽量降低毒性风险，对重要水资源中重金属离子的持续监测至关重要。与常规重金属检测方法包括高分辨率差分表面等离子体共振（SPR）光谱、原子吸收光谱（AAS）、电感耦合等离子体质谱法（ICP-MS）等相比，电化学方法特别是电化学溶出分析，由于成本低、操作简单、灵敏度高和选择性好而被广泛用于重金属的测定。

方波伏安法（SWV，Square Wave Voltammetry）的扫描速度可达到 1mV/s。SWV 由于在较高的速率下扫描，溶液中低浓度溶解氧也来不及扩散到电极表面发生反应，因此无须通氮除氧，减轻了电极表面的封闭问题，简化了实验装置与操作。同时，SWV 由于较好地抑制了背景电流，扫描速度快，提高了信噪比和高的灵敏度，是一种多功能、快速、高灵敏度和高效能的电分析方法，使其在研究工作中，成为脉冲伏安法的最佳选择。

SWV 可采用各式电极，如汞膜电极、小圆盘电极、圆柱形微电极、玻碳电极等。SWV 广泛应用于物质的定量分析和动力学研究。SWV 在传统上应用于吸附溶出、阳极溶出，用于重金属的检测，如Cd^{2+}、Pb^{2+}、Cu^{2+}。

21.3　实验主要仪器与试剂材料

仪器：电化学工作站，活化后的玻碳工作电极，KCl 填充的 Ag/AgCl 参比电极，铂丝对电极，25mL 电解槽超声波清洗机，pH 计，BSA323S-CW 电子天平。

试剂：冰乙酸（分析纯，99.5%），乙酸钠（分析纯，99.0%），氢氧化钠（分析纯，96.0%），四水硝酸镉（金属基，99.99%），五水硝酸铋（分析纯，99.0%），乙醇（分析纯，99.7%），硫酸（分析纯，98%），实验用水为重蒸水。

21.4 实验步骤

（1）乙酸缓冲液的配制。由乙酸和乙酸钠配制成 0. 1mol/L 乙酸缓冲溶液（pH 值为 4. 5）。

（2）将四水硝酸镉加入乙酸缓冲溶液中，配制不同浓度 Cd^{2+}的乙酸盐缓冲溶液。

（3）用 1μm 氧化铝粉末将玻碳电极抛光，然后在无水乙醇和去离子水中连续超声 10min，并在室温下干燥。

（4）首先将 10 mL 含不同浓度 Cd^{2+}的乙酸盐缓冲溶液（0. 1mol/L，pH 值为 4. 5）加入到电解槽中，然后将由铂丝电极、Ag/AgCl 电极和玻碳电极组成的三电极体系置于电解槽中。

（5）沉积和溶出。在-1. 4 V 的电位下沉积 10min，在 50Hz 的频率下进行 SWV 测试，电位从-1. 2V 扫描到-0. 5V，记录数据得伏安图，频率、电位增量和振幅分别为 50Hz、4mV 和 25mV（见图 21-1）。

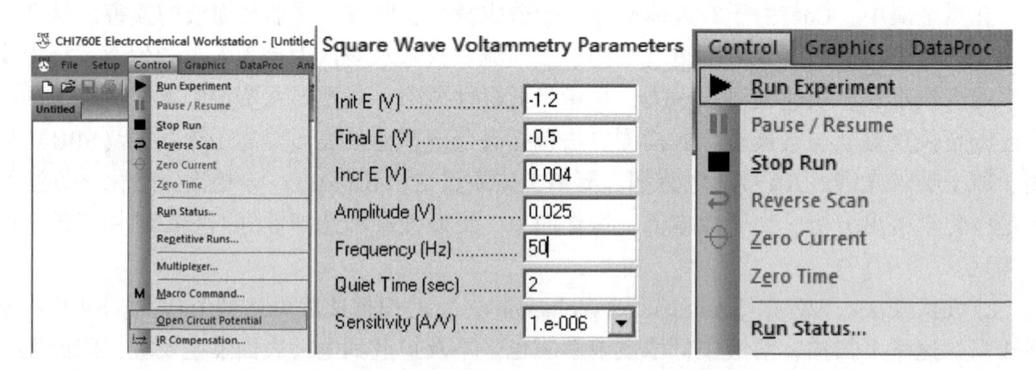

图 21-1　测试参数设置

（6）该样品测试完成后，将数据输出保存为目标文件（见图 21-2）。

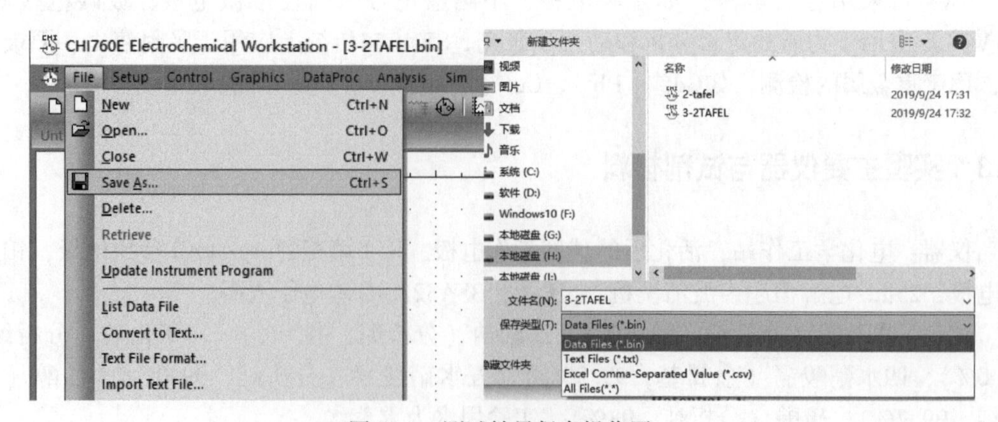

图 21-2　测试结果保存操作图

（7）更换其他浓度 Cd^{2+} 的乙酸盐缓冲溶液，按照上述步骤（4）和（5），进行溶出测试。

（8）在所有测试结束后，将电极保持在 0.3V 清洗 30s，以去除工作电极表面上的残留金属和铋。

21.5　实验结果与数据分析

（1）分析测试电压范围与镉浓度溶出曲线的关系。

（2）不同浓度时，镉浓度溶出曲线的对比分析。

实验 22　伏安法测定添加剂的整平能力

22.1　实验目的

（1）了解添加剂整平机理及整平能力的测定方法。

（2）掌握使用旋转圆盘电极周期伏安法测定添加剂的整平能力。

22.2　实验原理

添加剂的整平作用是指添加剂使镀层微观轮廓更加平滑的一种性能。目前实际采用的测定添加剂整平能力的方法大体上有：假正弦波法、粗糙度仪测定法、电化学模拟测定法等。一般认为，假正弦波法的重现性好，数据可靠，可直接观察镀层生成状态，然而需要耗费大量工时；粗糙度仪法操作简单，可以得到电流密度、镀层厚度与整平能力的关系，但表面粗糙度不宜保证均匀，所得数据可靠性差。电化学模拟测定是一种简单易行且具有实际意义的方法。

电化学模拟测定添加剂整平能力的原理如下：添加剂扩散理论认为，某些添加剂不仅能吸附在电极表面，而且在电解过程中还参加电极反应。因添加剂浓度很低，一旦参加电极反应，阴极表面会出现一层添加剂的扩散层，因此添加剂的反应过程必然要受到扩散控制。添加剂扩散层厚度在微观凹凸处不等，凹处较厚，而凸处较薄。因此微观凹处添加剂放电效率低于微观凸处。另一方面，由于金属放电离子浓度一般很高，当不存在添加剂时，其放电效率在微观凹处和凸处差别不大，但加入添加剂后，金属离子的放电效率在微观凹处和凸处发生变化，微观凹处添加剂放电效率低，因而凹处参加反应的主要是金属离子，添加剂放电较少。微观凸处则不同，添加剂放电较多。结果，金属离子在微观凹处的放电效率相对高于凸处。添加剂的整平作用是由其在微观凹凸处的极化效果及金属离子放电效率决定的，即在凹处，添加剂阻化作用小且促使金属还原加快，而凸处正相反，则整平效果良好。添加剂的上述作用取决于电极表面添加剂的浓度。由于电极表面添加剂的放电过程受扩散控制，所以对溶液进行搅拌与否将使添加剂的上述作用发生很大的变化。用旋转圆盘电极周期溶出伏安法测定添加剂的整平能力是基于上述原理提出的一种电化学模拟测定方法。具体如下：

在旋转的铂电极圆盘电极上以一定速度改变其电极电势使微量金属析出和溶解重复出现。当电极电势负方向扫描时，到一定电势下就会产生阴极电流，即金属开始析出。微量金属析出后回归，则到某一电势下就会出现阳极电流，即被析出金属溶解，微量金属彻底溶解后电流就要恢复到零，如图 22-1 所示。此时，溶解峰面积 A 与金属的析出量成正比，而金属的析出量与添加剂的综合效果密切相关，即溶解峰面积中包含着添加剂对电极反应的极化作用和阴极电流效率的影响。当静止状态下电解时，由于添加剂浓度很低，来不及扩散到电极表面，因而电极表面添加剂浓度趋于零。因此，此时的析出电流主要消耗在金属的还原过程，其溶解峰面积与无添加剂时的基本相同。当电极旋转时，添加剂的放电不能忽略，析出电流包括金属的还原和添加剂的放电电流，而溶解峰面积只与金属析出量有关，因而所得溶解峰面积比静止时要小。由此可见，旋转时和静止时的溶解峰面积比值 A_R/A_S，即相对析出度比，可以用来评价添加剂的综合效果或整平效果。其整平能力 L 可由公式（22-1）表示。

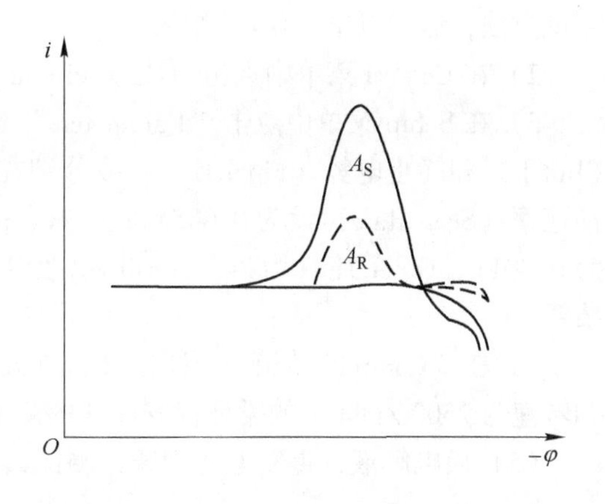

图 22-1　静止和旋转时的循环伏安曲线

$$L = \frac{A_S - A_R}{A_S} \times 100\% = \left(1 - \frac{A_R}{A_s}\right) \times 100\% \tag{22-1}$$

式中　A_S——静止时的溶解峰面积；

A_R——旋转时的溶解峰面积。

22.3　实验主要仪器与试剂材料

实验仪器有：CHI 电化学工作站 1 台，旋转圆盘电极 1 个，铂片电极（辅助电极）1 个，甘汞电极（参比电极）1 支，小型电解池 1 个。

实验试剂及材料为：$CuSO_4 \cdot 5H_2O$，H_2SO_4（密度 1.84g/mL），NaCl，KC-1添加剂，聚乙二醇。

22.4　实验步骤

实验步骤如下：

（1）配置镀液。按下述组成配置 3 种镀液，其中一种无添加剂，两种分别含有待考察的添加剂（如 KC-1、聚乙二醇）；$CuSO_4 \cdot 5H_2O$：180 ~ 200g/L；H_2SO_4（密度 1.84g/mL）：60g/L；NaCl：0.5g/L。

（2）准备试验装置。将电解池用蒸馏水清洗干净，装好待测电解液，放好辅助电极、参比电极，然后将电解池放在旋转圆盘电极的台座上。最后清洗旋转圆盘电极，用脱脂棉或滤纸擦净，并调整台座使旋转圆盘电极固定在电解池中。

（3）将 CHI 电化学测试仪的工作电极接线端（绿色夹头）和感受电极接线端（黑色夹头）同时与研究电极（旋转圆盘电极）相接，参比电极接线端（白色夹头）与甘汞参比电极相接，辅助电极接线端（红色夹头）与铂辅助电极相接。

（4）启动工作站，运行 CHI 测试软件。

1）在 Setup 菜单中点击“Technique”选项。在弹出菜单中选择“Cyclic Voltammetry”

测试方法，然后点击“OK”按钮。

2）在 Control 菜单中点击“Open circuit potential”选项，查看体系的开路电势。

3）在 Setup 菜单中点击“Parameters”选项。在弹出菜单中输入测试条件：初始电势（Init E）和终止电势（Final E）一般分别在开路电势基础上降低 0.5V 和提高 0.5V，扫描速率（Scan Rate）设为 0.005V/s，“sweep segments”扫描片段数设为 2，Sample Interval 为 0.001V，Quiet Time 为 2s，Sensitivity 为 1×10^{-3}，选择 Auto-sensitivity。然后点击“OK”按钮。

4）在“Control”菜单中点击“Run Experiment”选项，依次进行电极处于静止状态和转速为 2500r/min 下的循环伏安曲线的测量。

（5）换电解液，重复上述步骤，测试其他镀液的循环伏安曲线。

22.5 实验数据处理与分析

（1）根据测得的曲线，分别求出 3 种电解液在电极静止时的溶解峰面积 A_s 和电机旋转时的溶解峰面积 A_R。

（2）计算并分析添加剂的整平能力。

实验 23　稳态扩散时反应粒子的扩散系数的测定

23.1　实验目的

（1）了解旋转圆盘电极的工作原理。
（2）学会利用旋转圆盘电极测定电化学动力学参数的实验技能。
（3）学会实验数据处理的方法。

23.2　实验原理

液相传质和电化学反应是电极动力学过程中的两个重要控速步骤，本实验介绍应用旋转圆盘电极的方法对液相传质过程中反应粒子的扩散系数进行测定。旋转圆盘电极作为一种流体动力电极，由于它的高速旋转可以大大降低扩散层厚度，并且可以使扩散层厚度可控，所以利用旋转圆盘电极不仅能对扩散过程进行研究，而且还可以利用外推至转速（ω）趋近于∞来达到完全排除浓差极化的目的，以研究电化学反应动力学规律。

当旋转圆盘电极按一定速度绕中心轴旋转时，电极附近的液体随之发生流动。与圆盘电极相接触的液体由于离心力的作用而被甩向圆盘四周，电极下方的液体在圆盘的中心处上升，当与圆盘接近后被甩向边缘，所以，圆盘中心处就相当于一个“搅拌起点”。

当旋转电极附近的液体处于层流状态时，液体的流动可以分解为 3 个方向：（1）在由旋转而产生的离心力的作用下，使液体沿径向以速度 $v_{径}$ 向外流动；（2）由于液体具有黏度，当电极旋转时液体就要以速度 $v_{切}$ 向切向流动；（3）由于电极附近的液体向外流动，会造成电极中心部位的液体压力下降，于是离电极较远的液体就会向中心区域流动，形成液体的轴向速度 $v_{轴}$。

液体在这 3 个方向的流速均与电极的转速 ω、液体的黏度 ν 及离开电极表面的轴向距离 Z 和电极表面离开中心的径向距离 r 有关。在电极表面处，$v_{径}=v_{轴}=0$，即液体沿轴向及沿径向的运动速度为零，液体只作切向运动，运动速度 $v_{切}=r_{\omega}$ 在距离电极表面无穷远处，$v_{切}=v_{径}=0$，液体只以恒定速度沿轴向垂直于电极表面运动，$\nu=0.886\sqrt{\nu\omega}$；当 Z 处于二者之间时，液体在这 3 个方向的运动速度均不可忽略。$v_{轴}$ 随 Z 的增加逐渐提高，最后趋于一个稳定值；$v_{切}$ 随 Z 增加逐渐减少，最后趋于零；而 $v_{径}$ 开始随 Z 的增加而增加，而后又随 Z 的增加逐渐减少，最后趋于零（见图 23-1）。

当电极以一定的速度旋转时，电极附近有一层被电极拖动的液层，该液层的厚度为 δ。

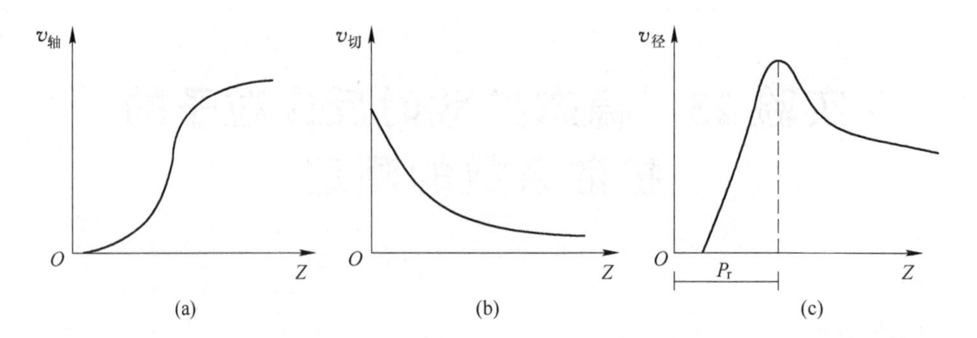

图 23-1　旋转圆盘电极表面的流体动力学性质

$$\delta = 3.6\sqrt{\frac{\nu}{\omega}} \tag{23-1}$$

式中，δ 为流体动力学层的边界层厚度，cm；ν 为液体的运动黏度，它等于溶液的黏度与密度比（$\nu = \eta/\rho$），cm^2/s；ω 为圆盘电极的旋转角速度，r/s。

（1）当 $Z>\delta$ 时，液体基本上只作轴向流动；

（2）当 $Z\gg\delta$ 时，

$$v_{轴} = -0.886\sqrt{\nu\omega} \tag{23-2}$$

（3）当 $Z<\delta$ 时，液体在 3 个方向的流速均不能忽略。

由式（23-1）可以看出，旋转圆盘电极的动力学、边界层厚度与径向距离无关，也就是说在整个电极表面上边界层厚度是相同的，而且随角速度 ω 的增加而减小。

式（23-2）表明，旋转圆盘电极在整个电极表面上能给出均匀轴向速度 v，所以，在整个电极表面上的扩散层厚度是均匀的。当然，电极表面的电流分布也是均匀的。这就是旋转圆盘电极区别于其他电极的一个重要特征。

对旋转圆盘电极进行恒电位阶跃极化，电极表面所进行的电化学反应为 $O+ne \longleftrightarrow R$，在有大量局外电解质存在的条件下，反应粒子的传递在受到扩散作用的同时，还受到因旋转而产生的对流作用的影响，即液相传质是由对流扩散完成的。

根据流体动力学理论，可以推导出扩散层的有效厚度 $\delta_{有效}$，有

$$\delta_{有效} = 1.61D_i^{1/3}\nu^{1/6}\omega^{-1/2} \tag{23-3}$$

式中，D_i 为反应物离子的扩散系数，cm/s；ν 为溶液的动力黏度，cm^2/s；ω 为旋转圆盘电极的旋转角度，r/s。

体系稳态扩散时，电流密度可以表示为：

$$j = \frac{nFD_i(C_i^0 - C_i^s)}{\delta_i} \tag{23-4}$$

式中，n 为反应电子数；F 为法拉第常数，96485C/mol；C_i^0 为反应物的本体浓度，mol/cm^3；C_i^s 为反应物的界面浓度，mol/cm^3。

式（23-3）代入式（23-4）可以得到扩散电流密度：

$$j = \frac{nFD_i(C_i^0 - C_i^s)}{1.61D^{1/3}\nu^{1/6}\omega^{-1/2}} = 0.62nFD_i^{2/3}\nu^{-1/6}\omega^{1/2}(C_i^0 - C_i^s) \tag{23-5}$$

完全极化条件下，极限扩散电流密度j_d为：

$$j_d = \frac{nFDC^0}{1.61D^{1/3}\nu^{1/6}\omega^{-1/2}} = 0.62nFD_i^{2/3}\nu^{-1/6}\omega^{1/2}C_i^0 \tag{23-6}$$

该公式表明j_d正比于$\omega^{1/2}C_i^0$，其比例常数为$B = 0.62nFD^{2/3}\nu^{-1/6}$。该公式称为Levich方程，比例常数称为Levich常数。

旋转圆盘电极能够较快地在电极附近建立起均匀的表面扩散层，扩散电流随转速增加而增加，在一定转速下，电流达到极限电流值i_d几乎不再增大。

将j_d对$\omega^{1/2}$作图可得到一条过原点的直线，直线的斜率K为：

$$K = 0.62nFD_i^{2/3}\nu^{-1/6}C_i^0 \tag{23-7}$$

已知n、F、$\nu^{-1/6}$、C_i^0可求得扩散系数D_i。

23.3　实验主要仪器及试剂材料

仪器：电化学工作站1台，旋转圆盘电极1台，数字电流表2台，数字电压表2台，交流稳压电源（用于旋转圆盘电极配套）1台。

试剂与材料：氮气瓶（高纯氮气）1瓶，烧杯（500mL）1个，铂电极（圆盘电极自带，直径4mm，研究电极）1只，螺旋P丝电极（辅助电极）1只，饱和甘汞电极（参比电极）1只。电解液为：0.01mol/dm³ $K_4[Fe(CN)_6]$ + 0.01mol/dm³ $K_3[Fe(CN)_6]$ + 1mol/dm³ KCl。

23.4　实验步骤

实验步骤为：

（1）将旋转电极用浓硫酸浸洗，蒸馏水冲净后，用滤纸将水吸干后，用滤纸将水分吸干（注意切勿将水等溅入电极套内），然后沿轴向准确地固定到套架上，在极速下观察，电极头不应有明显晃动现象。

（2）小心地将旋转圆盘电极装入电解池中（插入中心位置的磨口处），再将电解池固定在机架上，注入电解液后，将辅助电极、参比电极、通气管、出气管装入电解池的其他4个带磨口小管内。

（3）通氮气2min，以除去电解液中的溶解氧。

（4）将旋转圆盘电极的轴、参、研、地4个接线端分别与电化学工作站的辅、参、研、地接线柱相连。

（5）将旋转圆盘电极设备接交流稳压电源。每次开机后，应让旋转电极在中速下（如3000r/min）预转20min，当室温低于15℃时，适当延长至30min，以减少漂移，提高转速的稳定性和测量精度。

（6）打开电化学工作站电源，预热15min后，启动运行软件。先测定研究电极在700r/min下的阳极和阴极极化曲线，极化曲线从自然电位开始测量，改变电极电位，测量极化电流值一直到出现极限电流为止。

(7) 在“Setup”的菜单中执行“Technique”命令，在显示的对话框中选择“Open Circuit Potential-Time”，获得稳定的自腐蚀电位（自然电位）。

(8) 在“Setup”的菜单中执行“Technique”命令，在显示的对话框中选择“Tafel Plot”命令进入参数设置界面（如未出现参数设置界面，再执行“Setup”菜单中的“Parameters”命令进入参数设置界面）。实验条件设置为：Init E（初始电位），步骤（7）测得的自然电位；High E（最高电位），0.5V；Low E（最低电位），-0.1V；扫描速度，0.01V/s；Sensitivity（灵敏度），1×10^{-3}。执行“Control”菜单中的“Run Experiment”命令，开始极化实验，极化曲线自动画出。

(9) 将测出的数据保存为目标格式。

(10) 打开“Graphics”菜单，选择“Manual results”命令，对试验结果进行分析。

(11) 测定研究电极分别约在1500r/min、2500r/min、3500r/min下的阳极和阴极极化曲线。打开“Graphics”菜单，选择“Overlay Plots”或“Add Data to Plots”对实验结果进行叠加分析。

(12) 实验结束后，关掉旋转电极的电极开关，使电极停转后方可闭（启）电源开关；取出电极用蒸馏水冲洗干净备用，冲洗电解池。

23.5 注意事项

(1) 调整好旋转圆盘电极、参比电极、辅助电极及电解槽的相对位置，以免电极在高速旋转过程中受损。

(2) 试验体系中 $K_4[Fe(CN)_6]$ 溶液易氧化，操作过程应注意，试验前溶液需通氮30min。

23.6 数据记录与处理

(1) 测定反应粒子的扩散系数。

(2) 绘制各种转数下的极化曲线。

(3) 以极限电流密度 i_d 对 $\omega^{1/2}$ 作图，由斜率求出扩散系数 D_i，$D_{Fe(CN)_6^{3-}}$ 由阴极极化曲线测定，$D_{Fe(CN)_6^{4-}}$ 由阳极极化曲线测定。

实验 24　电镀液电流效率的测定

24.1　实验目的

（1）掌握库仑计测定电流效率的原理。
（2）了解电流密度与电流效率之间的原理及方法。

24.2　实验原理

电镀时，电流不可能全部用来在阴极表面沉积金属，总伴有副反应的发生，因而实际沉积出的金属质量比理论计算出来的质量要低一些，于是提出了电流效率的概念，用它来表示用于表面金属沉积的电量在总电量中所占的百分数。通常电流效率定义为：电极上实际获得的产物质量消耗的电量/总电量；其中，电极上产物的实际质量可直接由通电前后增加的质量来确定，而通过电极的总电量则可以通过串联一个库仑计来测定。

库仑计有碘库仑计、气体库仑计和质量库仑计等多种类型。在实验室中常用的是质量库仑计，即根据电极上析出金属的质量来计算电量，如：银库仑计、铜库仑计。铜库仑计的精确度可达0.1%~0.05%。虽然铜库仑计不十分精确，但使用比较方便，故它仍然得到了最广泛的应用。

影响铜库仑计精确度的主要原因是阴极上析出的Cu较活泼，易与电解液中的Cu^{2+}作用转化为Cu^{+}，即$Cu+Cu^{2+} \longrightarrow Cu^{+}$，这样就减少了阴极上实际析出金属Cu的质量，而根据这质量换算出来的电量自然比实际通过的电量少一些，如在电解液中加入酒精，则可以大大减弱这种副反应。

铜库仑计就是根据电解槽中阴极上沉积出来的金属铜的质量来计算通过电解槽的电量。它通常采用玻璃仪器，其中放有3个极片，靠边的两个为阳极（纯铜片），中间的一个为阴极，材料为铜片或预先镀上一层铜的铝片。

铜库仑计中的溶液成分是每100g水中溶有15g $CuSO_4 \cdot 5H_2O$、5g H_2SO_4和5g乙醇，电流密度维持在0.2~2A/dm^2。

24.3　实验主要仪器与试剂材料

铜库仑计，直流稳压电源，500mL烧杯2个，可变电阻，碱性镀锌液。

24.4　实验步骤

实验步骤如下：

（1）测量前将库仑计的阴极试片 B 和待测溶液槽中阴极试片 A 洗净，烘干，冷至室温并准确称重，将数据记录在实验表格（表 24-1）中。

（2）将两个阴极分别放在库仑计和待测镀槽的中部，使其与阳极平行。

（3）接好线路，用可变电阻调整电流密度分别为 $1A/dm^2$、$2A/dm^2$ 和 $4A/dm^2$，通电电镀。

（4）电镀时间为 10～15min。

（5）停止电镀，取出试片 A、B，洗净、烘干，冷至室温再准确称重，将数据记录在表 24-1 中。

表 24-1 实验数据

电流密度 $/A \cdot dm^{-2}$	库仑计中电极质量/g			待测镀槽中电极质量/g			电流效率/%
	镀前	镀后	增重	镀前	镀后	增重	
1							
2							
3							

24.5 实验数据处理及分析

（1）实验数据记录见表 24-1。

（2）电流效率的计算。

实验 25　聚合物材料的表层电镀

25.1　实验目的

（1）了解塑料制品电镀前的处理方法。
（2）了解稳定剂的作用及化学镀液的维护。
（3）掌握化学镀铜的溶液配制及实际操作。
（4）锻炼在复杂工序中工作时的计划性及分析解决问题的能力。

25.2　实验原理

塑料表面金属化后，可以获得导电、导磁、耐磨、抗老化、耐热等性能和不同色泽金属外观，从而使其装饰性和功能性增强，使用范围拓宽。聚合材料较之金属价格更便宜、质量更轻、更易于成型。虽然聚酰胺（尼龙）、聚丙烯（PP）等种类的塑料都是可镀的，但 ABS（丙烯腈-丁二烯-苯乙烯）、聚碳酸酯与 ABS 的混合体作为电镀基材更为常见。

目前，在塑料上化学沉积金属取得工业化应用的体系有两种，即以甲醛为还原剂的化学镀铜和以硼氯化钾（或次磷酸）为还原剂的化学镀镍。印制电路板电镀适宜采用化学镀铜，化学镀铜后的制件一般都再电镀铜加厚镀层，除强碱性氰化物镀铜工艺不适用外，其他像酸性镀铜和焦磷酸盐镀铜等工艺均可采用。而装饰性塑料电镀则适宜采用化学镀镍作为电镀前的预镀。

塑料制品的表面处理主要包括涂层被覆处理和镀层被覆处理。一般塑料的结晶度较大，极性较小或无极性，表面能低，这影响涂层被覆的附着力。塑料是一种不导电的绝缘体，所以在表面处理之前，应进行必要的前处理，以提高涂层被覆的结合力及为镀层被覆提供具有良好结合力的导电底层。

25.2.1　涂层被覆的前处理

前处理包括塑料表面的除油处理，即清洗表面的油污和脱模剂，以及塑料表面的活化处理，目的是提高涂层被覆的附着力。

（1）塑料制品油污的去除。与金属制品表面除油类似，可用有机溶剂或含表面活性剂的碱性水溶液进行塑料制品的除油；其中，有机溶剂适用于塑料表面石蜡、脂肪和其他有机性污垢的去除，所用有机溶剂具有对塑料不溶解、不溶胀、不龟裂以及本身沸点低、易挥发、无毒且不燃等优点。碱性水溶液适用于耐碱塑料的除油，且具有不形成泡沫、残留在塑料表面等优点。该碱性水溶液中常含有苛性钠、碱性盐以及各种表面活性物质（如：烷基苯酚聚氧乙醚）等。

（2）塑料制品表面的活化。活化能够提高塑料的表面能，在塑料表面生成一些极性基或加以粗化，以使涂料更易润湿和吸附于制件表面。表面活化处理的方法很多，如：化学品氧化法、火焰氧化法、溶剂蒸发浸蚀法和电晕放电氧化法，其中使用最广泛的是化学氧化处理法。有的塑料制品未进行化学品氧化处理时也可直接进行涂层被覆，如聚苯乙烯，但为了获得高质量的涂层，需化学品氧化处理，如 ABS 塑料在脱脂后，可采用一定比例的 $H_2Cr_2O_4$与稀 H_2SO_4处理，水洗，干燥。铬酸处理液浸蚀的优点是能够均匀处理形状复杂的塑料制品，缺点是处理过程有危险，并产生一定的污染。

25.2.2 镀层被覆的前处理

镀层被覆前处理的工艺流程如下：

机械粗化→化学除油→水洗→化学粗化→水洗→敏化处理→水洗→活化→流水洗→还原→化学镀→去离子水洗→镀金属

镀层被覆前处理是为了提高镀层与塑料表面的附着力以及在塑料表面形成导电的金属底层。前处理工序主要包括机械粗化、化学除油和化学粗化提高镀层附着力的过程，以及敏化、活化、还原和化学镀形成导电金属底层的过程。

（1）机械粗化和化学粗化。机械粗化和化学粗化分别用机械的方法和化学的方法使塑料表面变粗，以增加镀层与基体的接触面积。一般认为，机械粗化所能达到的结合力仅为化学粗化的 10%左右。

（2）化学除油。与涂层被覆前油污的处理方法相同。

（3）敏化。在具有一定吸附能力的塑料表面上吸附一些易氧化的物质，如：$SnCl_2$、$TiCl_3$，在活化处理时被氧化，而活化剂（如贵金属离子）被还原成催化晶核，留在制品表面上，便于后续金属层的化学镀覆。

（4）活化。用催化活性金属化合物的溶液，对经过敏化的表面进行处理，反应过程如下：将吸附有还原剂的制品浸入含有贵金属盐的氧化剂的水溶液中，贵金属离子作为氧化剂就被 Sn^{2+}还原形成胶体状微粒的贵金属沉积在制品表面上，表现出较强的催化活性。当表面浸入化学镀溶液中时，这些微粒就成为催化中心，催化中心起催化成核作用，使化学镀覆的反应速度加快。

（5）还原。经活化和用清水洗净后的制品在进行化学镀之前，用化学镀时用的还原剂溶液浸渍制品，将制品表面未洗净的活化剂还原除净，这称为还原处理；如：化学镀铜时，用甲醛溶液还原处理；化学键镍时，用次磷酸钠溶液还原处理。

（6）化学镀。化学镀的目的是在塑料制品表面生成一层导电的金属膜，给塑料制品的电镀金属层创造条件。

25.3 实验主要仪器及试剂材料

稳压电源 1 台。

铜电极 2 支，ABS 塑料板（尺寸：长 40mm，宽 30mm，厚 2mm）10 块，塑料方形容器 4 个，200mL 烧杯 5 只，500mL 烧杯 2 只，1000mL 烧杯 2 只，100mL 量筒 1 只，塑料夹（长 150~200mm）4 只，500W 电炉 1 只。

Na_2CO_3；Na_3PO_4；NaOH；洗净剂，H_2SO_4；CrO_3，$SnCl_2$，HCl；锡条 1 根；$PdCl_2$；HCl；HCHO（甲醛）；$C_4O_6H_2KNa$（酒石酸钾钠）；NaOH，Na_2CO_3，$CuSO_4$；$NiCl_2$；$CuSO_4$；H_2SO_4；$CuCl_2$；KG-5 光亮剂。

25.4　实验步骤

（1）除油。配置不同浓度的化学除油液：(20~30)g/L Na_2CO_3+(40~50)g/L Na_3PO_4+(50~80)g/L NaOH+(40~50)g/L 洗净剂。油污过多，可先擦洗，然后采用化学除油液在 40~50℃下，处理 20~30min。

（2）粗化。配置化学粗化液：350g/L H_2SO_4+350g/L CrO_3。在 60℃，粗化 30min，粗化过程中不断抖动，观察工件表面情况，一般为色泽略有变化，表面均匀亲水即可。

（3）敏化。配置敏化液，组成为：(10~14)g/L $SnCl_2$+40mL/L HCl+锡条，配制顺序为 $SnCl_2$+HCl+水，以无混浊为正常，一旦变混则表明 $SnCl_2$ 已水解失效。敏化过程温度为室温，时间为 3~5min，敏化后水洗流不宜过大，防止胶膜的脱落。

（4）活化。在不低于 15℃下，在活化液中多次翻动镀件，时间约 2~5min，直至活化后工件表面颜色变为均匀的浅棕黑色。活化液为 0.5g/L $PdCl_2$+10mL/L HCl，pH 值为 1.5~2.5。

（5）还原。采用甲醛还原，温度为室温，时间约 5~30s。

（6）化学镀。化学镀过程中，镀液的配制，一定先了解先后顺序。化学镀液采用两种液体混合的办法，如：1）：2）= 3：1 混合使用。

1）40g/L $C_4O_6H_2KNa$ +9g/L NaOH+42g/L Na_2CO_3。

2）14g/L $CuSO_4$+4g/L $NiCl_2$+53mL/L KG-5 光亮剂。

（7）加厚镀铜。在加厚镀铜前，化学镀铜层应保持清洁，阳极用铜板或含磷铜板。电镀过程中，电流密度由小到大逐步升高，小电流下保持 5min 左右，然后再将电流密度增加至目标范围；若起始电流密度过大，容易引起内应力产生镀层“起皮”现象。酸性光亮铜液常采用 $CuSO_4$、稀 H_2SO_4、光亮剂等。

25.5　数据记录与处理

（1）记录实验过程现象。

（2）描述电镀过程中镀件的外观变化以及其与电流密度之间的关系。

25.6　思考题

（1）镀前敏化和活化的作用分别是什么，两者之间有何关联？

（2）电镀过程中铜液浓度、电镀电流密度以及电镀效果间的关系。

实验 26　铝合金表面的铜镍双镀层修饰

26.1　实验目的

（1）掌握双层电镀原理以及一般的实验工艺流程。

（2）了解影响镀层质量的关键因素。

26.2　实验原理

铝合金表面镀镍因具有诸多的优良性能及特性而在电子工业、石油化工、机械、航天等领域的应用不断增加，但在铝硅合金上直接化学镀镍的难度较大，特别是在大面积施镀的情况下，经常会出现起泡、镀层脱落等缺陷。如何优化工艺、提高镀镍质量日益成为人们关注的热点。

为减少镀镍层的孔隙、提高镍层的抗蚀性、改善镀镍质量，本试验中采用先对铝合金表面进行阳极氧化，然后在氧化层上电镀铜，最后进行化学镀镍的工艺，可获得最外层为镍磷镀层，次外层是阳极氧化层的复合膜。本实验电镀的整个工艺流程如下：铝合金试样/夹具→加热脱脂→去离子水热水清洗→去离子水冷水清洗→出光→去离子水冷水清洗→上夹具→硫酸阳极氧化→电镀铜→去离子水冷水清洗→化学镀镍→去离子水冷水清洗→干燥。

26.3　实验主要仪器及试剂材料

实验仪器：恒流稳压电源 1 台；毫安表 1 台；游标卡尺 1 把；电键测厚仪 1 台；超声波清洗机 1 台。

试剂材料：H_2SO_4，$CuSO_4$，硫酸镍（$NiSO_4 \cdot 6H_2O$），次亚磷酸钠（$NaH_2PO_4 \cdot H_2O$），柠檬酸钠（$Na_3C_6H_5O_7 \cdot H_2O$），醋酸钠（NaAc），乳酸（$C_3H_6O_3$），镀液铜阳极（长 70mm、宽 60mm、厚 0.5～2mm）；镍阳极（长 70mm、宽 60mm、厚 0.5～2mm）；铝合金试样（长 70mm、宽 60mm、厚 0.2～1mm）；塑料方形容器（内腔尺寸：长 65mm、宽 65mm、高 65mm）；烧杯（1000mL）；砂纸。

26.4　实验步骤

铝合金表面的铜镍双镀层修饰实验步骤如下所示：

（1）电极预处理。铝合金试样/夹具→加热脱脂→去离子水热水清洗→去离子水冷水清洗→出光→去离子水冷水反复清洗，观察表面，若不附着水珠，说明已清洁。

（2）阳极氧化。

1）配置组成浓度为以下的电解质溶液：0.9～1.0mol/L H_2SO_4，0.75～0.85mol/L $CuSO_4$，0.1～0.2mol/L 添加剂。

2）硫酸阳极氧化：氧化温度为 20～25℃，电流密度为 1.0～2.5A/dm^2，氧化时间为 30～60min，铝合金镀件用作阳极，用纯铜作为阴极。

（3）电镀铜工艺。电镀铜镀液与阳极氧化所用溶液相同，电镀铜的电流密度为 0.2～1.0A/dm^2，镀铜时间为 5～30min。

（4）化学镀镍工艺。化学镀镍的基本工艺为：0.09～0.10mol/L 硫酸镍（$NiSO_4 \cdot 6H_2O$），0.15～0.20mol/L 次亚磷酸钠（$NaH_2PO_4 \cdot H_2O$），0.025～0.03mol/L 柠檬酸钠（$Na_3C_6H_5O_7 \cdot H_2O$），0.08～0.09mol/L 醋酸钠（NaAc），15mol/L 乳酸（$C_3H_6O_3$），化学镀镍温度为 80～90℃，时间为 30～90min，镀液 pH 值为 4.8～5.0。

（5）镀层质量测试方法。按照国标《轻工产品金属镀层的结合强度测试方法》(GB 5933—1986)结合强度的测试方法，用如下两种方法定性地检测了复合层的结合强度：

1）锉磨法：用锉刀从基体沿 45°角锉向镀层或用高速旋转的砂轮对试样边沿部分磨削，磨削方向与锉削方向相同，当完全露出基体与镀层的断面时，以镀层不起皮、不脱落为合格。

2）划痕法：用硬质刀片在试样表面纵横交错地各划 5 条线，将镀层划穿成 2mm 间距的方格，镀层划痕交错处无任何起皮或剥落，再进一步用刀片在划痕处挑撬镀层，以挑撬后镀层不脱落为合格。

26.5　注意事项

（1）电沉积实验前必须仔细检查电路是否接触良好或短路，以免影响实验结果或烧坏电源。

（2）阴极片的前处理将影响镀层质量，因此要认真，除油和除锈要彻底。

（3）电镀时要带电入槽，特别是镀铜时。

26.6　数据记录与处理

记录样品类型、处理时间以及电压与对应电镀复合层厚度、硬度的测试数据。

26.7　思考题

分析阳极氧化时间、镀铜时间以及化学镀镍时间分别对复合层厚度、硬度的影响。

实验27　电合成制备复合 $ZnO\text{-}SnO_2$ 纳米粉及其光催化性能

27.1　实验目的

（1）掌握双层电镀原理以及一般的实验工艺流程。

（2）了解影响镀层质量的关键因素。

27.2　实验原理

氧化锌是一种常用的化学添加剂，广泛应用于塑料、合成橡胶、润滑油、油漆涂料、电池、阻燃剂等产品的制作中。另外，氧化锌具有良好的光电、热电与压电性质，室温下其禁带宽度为3.37eV，略低于GaN的3.39eV，其激子束缚能为60MeV，约为GaN（24MeV）的2倍多，可以实现室温和高温下高效的激子复合发光。纳米氧化锌在紫外波段同样表现出较强的激子跃迁发光特性，因而纳米氧化锌是一种理想的短波长发光器件材料，在压敏器件、紫外光发射、太阳能电池、显示器件、光电子器件等方面都有广阔的应用前景。

纳米半导体材料ZnO的常用制备方法有：固相法、沉淀法、水热法、气相沉淀法和电化学法等。电化学法具有简单、方便、容易控制等优点成为纳米材料制备的有效方法之一。该试验采用硝酸铵、硝酸钠水溶液为电解质，锡板和锌板作为牺牲阳极，不锈钢片为阴极，恒电流电解制备复合纳米氧化物 $ZnO\text{-}SnO_2$ 粉体，采用光降解甲基橙、亚甲基蓝溶液为模型反应，考察所制备的复合纳米氧化物 $ZnO\text{-}SnO_2$ 的光催化活性。

27.3　实验主要仪器及试剂材料

实验仪器：双路可调直流稳压稳流电源1台，毫安表1台，超声波清洗机1台，磁力搅拌器，真空抽滤器，真空干燥箱，马弗炉，光催化反应器，离心分离器。

试剂材料：锡板，锌板，不锈钢片，电解槽，硝酸铵，硝酸钠，甲基橙，洗涤剂，稀盐酸，蒸馏水，其中实验所用试剂均为分析纯。

27.4　实验步骤

实验步骤为：

（1）电极预处理。将锌板、锡板和不锈钢片使用洗涤剂、稀盐酸和蒸馏水依次清洗干净，观察表面，若不附着水珠，说明已清洁；除去电极表面的杂质和氧化膜。

（2）电解液配置。将硝酸铵和硝酸钠配置成一定浓度的水溶液，用作纳米 $ZnO-SnO_2$ 电解的电解液。

（3）双路电源控制电解。在室温下，对电解池中的电解液进行磁力搅拌，采用双路电源进行恒流电解。通过调节电流的大小控制复合纳米粉中氧化锌和氧化锡的组成比例。

（4）电解结束后，静置、倒掉上层清液、蒸馏水洗涤数次，然后真空抽滤，用去离子水将沉淀物连续冲洗多次后，所得产物在 55℃ 下真空干燥 12h，再在高温 300~600℃ 下进行焙烧，得到粉状 $ZnO-SnO_2$ 的复合氧化物。

（5）光催化表征。采用光催化反应器，以太阳光为光源，甲基橙为目标降解物，每次实验取 0.3g 纳米 $ZnO-SnO_2$ 复合氧化物催化剂与 200mL 的甲基橙水溶液（20mg/L）混合，在无光照射下搅拌 30min，使甲基橙与催化剂之间达到吸附平衡，再置于太阳光下进行光催化降解。每间隔 1h 取出相同体积的混合液，离心分离除去催化剂，取上层清液，在甲基橙的最大吸收波长 464nm 下测其吸光度 A_t，以甲基橙的降解率表征催化剂的光催化性能。光催化降解率可由式（27-1）计算：

$$D = \frac{A_0 - A_t}{A_0} \times 100\% \tag{27-1}$$

式中，A_0 为光照前甲基橙溶液吸附平衡后的吸光度；A_t 为降解后甲基橙溶液的吸光度。在同一天同一时刻考察该复合氧化物对亚甲基蓝水溶液（20mg/L）光催化降解作用，其表征方法及催化剂用量均与考察甲基橙水溶液的相同。

实验过程注意事项：电沉积实验前必须仔细检查：（1）电路连接是否正常（如：短路、接触情况、连结方式合理性），以免影响实验结果或安全性能；（2）电极片表面情况。

27.5　数据记录与处理

（1）电解电流与电化学合成后样品的组成、物相、颗粒大小以及光催化降解率。

（2）焙烧温度与电化学合成后样品的物相以及光催化降解率。

27.6　思考题

电极片的表面状态与电化学合成物相、结构以及物化性质之间的关系。

实验 28　电合成苯甲酸镍

28.1　实验目的

（1）理解电化学法合成有机羧酸盐的基本原理。

（2）掌握有机电化学合成的实验装置及步骤。

28.2　实验原理

电合成是采用电化学方法合成无机物和有机物，分别称为无机电合成和有机电合成。无机电合成的应用最具代表性的是氯碱工业。有机电合成分为直接有机电合成（有机合成反应直接在电极表面上完成）和间接有机电合成（有机合成反应所需氧化剂或还原剂是通过电化学方法获得并可再生循环使用，如乙醛酸成对电解合成中的氯气便可再生与循环使用）。

有机物电合成是研究用电化学方法合成有机化合物的科学，它是一门涉及电化学、有机合成、化学工程等领域的边缘科学。在注重环境保护的今天，电解合成法对有机物特别是高附加值精细化学品的生产，具有广泛的应用价值，其地位愈显重要，得到迅速发展。

从 1834 年英国化学家法拉第（Faraday）在实验室进行了首次有机电合成——电解乙酸钠溶液制取乙烷，到 1849 年柯尔贝（Kolbe）用铂电极电解一系列脂肪酸盐溶液制取较长链的烃（即柯尔贝反应），有机物的电合成有了初步的发展。在此后的一百多年里，化学家们对那些用普通化学方法难以合成的有机产品借助于电化学反应来制备。20 世纪 30 年代，有机电合成反应在化学工业得到了应用，如硝基苯电还原制苯胺、葡萄糖电还原制山梨醇与甘露醇等。到了 20 世纪 60 年代，以电合成己二腈与电合成四乙基铅的工业化为标志的现代有机电合成工业开始了蓬勃的发展。近 40 多年来，有机电合成备受重视，尤其是在美、英、日、德等工业发达国家。

28.2.1　有机电合成的优点

有机电合成之所以越来越受到重视，是因为它和普通有机化学合成法相比具有很多独特的优点。

（1）有机电化学反应可以免于使用有毒或危险的氧化剂和还原剂，电子就是清洁的反应剂，反应体系中，除原料和产物外，通常不含其他反应试剂，因此，产物易分离，产品纯度高，环境污染小，符合“绿色化学”的标准。

（2）反应一般在常温常压下进行，无需特殊设备，与普通化学法相比，可缩短工艺流程，减少设备投资。

（3）在电化学反应体系中，电子转移和化学反应同时进行，通过对电解条件（如电压、电流、电解液组成等）的调节，可以较容易、较准确地实现对生产的控制。

（4）反应装置具有通用性，同一电解槽可以用于多种电合成反应，改变电极材料或反应溶剂便能合成某种新的有机产品。

（5）有些用普通化学反应难以制得的产品（如难以氧化或还原的）只有通过电化学方法合成，当然，有机电合成法也有其局限性，如电解需要消耗大量的电，工业生产中的电解槽结构相当复杂等，因此，有机电合成往往适宜生产价格较高、需求量大的精细化工产品。

28.2.2　有机电合成的基本方法

有机电合成的基本方法如下：

（1）有机物的阳极氧化涵盖脂肪烃、烯烃的阳极液氧化；醇、醚、羰基化合物的阳极氧化；有机物电化学卤化和含氧、硫化合物阳极氧化以及芳香化合物的阳极官能化等过程，当有机物难以直接氧化或直接电氧化效率低时，可采用间接电氧化。此法综合了电解和相转移技术的优点，效率高、选择性好、产物易分离，典型的例子有对硝基苯甲酸的制备，对硝基苯甲酸是制备药物和染料的重要中间体，但却由于在电合成过程中所用的反应物均难溶且易被电极吸附，所以导致产率和电流效率的低下，若采用 Cr^{6+} 与 Cr^{3+} 电对间接电氧化对硝基甲苯，则可实现工业化生产。

（2）有机物的阴极还原包括 C ═C 双键化合物、有机卤代物、羰基化合物和含氨化合物的阴极还原等过程。以乙醛酸（CHOCOOH）为例，乙醛酸是最简单的醛酸，它兼具醛和酸两类化合物的性质，是目前急需开发的精细化工产品的中间体。乙醛酸的电合成可通过草酸在阴极上电还原得到。

28.2.3　典型的电合成过程

典型的电合成过程如下：

（1）电解液中的反应物（R）通过扩散到达电极表面（物理过程）。

（2）R 在双电层或电荷转移层通过脱溶剂、解离等化学反应变成中间体（M-0）（化学过程），无溶剂、无缔合现象的不经过此过程。

（3）M-0 在电极上吸附形成吸附中间体（M-1）（吸附活化过程）。

（4）M-1 在电极上放电发生电子转移而形成新的吸附中间体（M-2）（电子得失的电化学过程）。

（5）M-2 在电极表面发生反应而变成生成物（S）吸附在电极表面。

（6）S 脱附后再通过物理扩散成为生成物（P）。

本实验由苯甲酸电解合成苯甲酸镍，采用金属镍片作阳极，铂片电极或不锈钢片作阴极，其中溶剂为无水乙腈或丙酮，支持电解质为四乙基高氯酸铵等。

电池反应如下：

阴极反应：$$PhCOOH + e \longrightarrow PhCOO^- + \frac{1}{2}H_2$$

阳极反应：$$2PhCOO^- + Ni \longrightarrow Ni(PhCOO)_2 + 2e$$

总反应：

$$PhCOOH+Ni \longrightarrow Ni(PhCOO)_2+\frac{1}{2}H_2$$

28.3 实验主要仪器及试剂材料

稳压电源 1 台，滑线电阻器 1 台，电流表 1 个，电子秤（精度为 0.1mg）1 台。

铂片电极或不锈钢片电极（长 16mm，宽 1mm，厚 1mm，阴极），镍片电极（长 50mm，宽 45mm，厚 1mm，阳极），方形塑料盒（电解池，长 50mm，宽 50mm，高 20mm），CH_3CN（乙腈），C_6H_5COOH（苯甲酸），$C_8H_{20}NClO_4$（四乙基高氯酸铵），HCl、HNO_3，CH_3COCH_3（无水丙酮），CH_3CH 300mL，$C_8H_{20}NClO_4$ 240mg，C_6H_5COOH 4g。

28.4 实验步骤

实验步骤如下所示：

（1）电极预处理。镍片电极用稀硝酸处理后，水洗，放置干燥后称重备用；铂片电极用 CH_3COCH_3 除油、稀 HNO_3 清洗、蒸馏水洗，干燥后备用。

（2）$C_{14}H_{10}O_4Ni$ 的电合成。连接电路时，稳压电源正极依次接滑线变阻器，电流表正极及镍片电极，电源负极接不锈钢片电极，电解池中装入深约 30mm 的电解液。打开稳压电源，调节电源电压或滑线电阻，控制电流为 200mA，电解 2h，每 30min 记录一次实验现象、电压值、电流值。

（3）$C_{14}H_{10}O_4Ni$ 的分离。合成后取出镍片电极，使其干燥并称其质量，计算电流密度，溶液过滤，用 CH_3COCH_3 洗涤至滤液无色，110℃干燥后称产物质量，计算产率。

28.5 数据记录与处理

将实验数据记录至表 28-1 中。

表 28-1 数据记录表

槽压/V	电流/mA	时间/min	产物质量/g	电流效率/%

实验 29　循环伏安法和恒电位法合成聚苯胺

29.1　实验目的

（1）了解有机电合成的特点和基本反应装置。

（2）了解聚苯胺的电化学合成原理及聚苯胺的性质。

（3）掌握循环伏安法和恒电位法合成聚苯胺的原理和实验方法，了解两种方法的异同点。

（4）了解有机电合成的一些影响因素。

29.2　实验原理

有机电合成在绿色合成技术的开发中占有非常重要的地位，理论上讲，凡与氧化还原有关的有机合成均可通过电合成技术来实现，有机电合成方法较之其他的有机合成方法具有一些独特的优点，在这种合成反应中，不需要任何氧化剂或还原剂，所有的氧化还原反应都通过电子来实现，三废少，减少了环境污染。

有机电合成具有较高的产物选择性，采用不同的电解条件由同一底物可以高产率地得到不同的化工产品，适用于具有多种异构体或多官能团化合物的定向选择合成，并且，在一定条件下可以同时在阴极室和阳极室得到不同用途的产品（成对电解合成），有机电合成条件温和，一般在常温常压下进行，特别适用于热力学上不稳定化合物的合成，并且操作控制容易，反应的开始、终结，反应速度的调节均可通过外部操作来控制且易于实现控制自动化。另外，有机电合成放大效应小也是一个突出优点，但是，有机电合成也有一些缺点和限制。如电耗较大，单槽产量较低，设备材质要求高，电化学反应器通用性差等，总之，有机电合成通常适用于小品种、小批量、附加值高、耗电较少的有机化工产品，特别是精细有机化学品的制备。

聚苯胺（Polyaniline）是有许多潜在工业应用价值的有机导电材料之一，关于它的制备、性质与应用已有不少评述，据悉，聚苯胺电池已经面市，聚苯酸的制造有许多途径，如：化学氧化法，酶法等，但报道最多，具有实际意义的是电解氧化合成法，在不同的电解条件下，可以制备纳米级聚苯胺、聚苯薄膜等。与化学聚合法相比，电化学方法除了操作简便，还具有一些独特的优点：（1）聚合和掺杂同时进行；（2）通过改变聚合电位和电量可以方便地分别控制聚苯胺膜的氧化态和厚度；（3）所得到的产物无需分离步骤。

目前用于电化学聚合苯胺的主要方法有：循环伏安法、恒电流、恒电位、脉冲极化及各种手段的复合方法。根据苯胺阳离子自由基聚合机理，结合苯胺的电氧化聚合的特点，可以确定电化学氧化聚合有如下过程：（1）在溶液中苯胺单体首先和质子酸形成苯胺盐的铵阳离子；（2）在电极上苯胺盐的铵阳离子单体分子被氧化成阳离子自由基；（3）阳离子自由基同时与溶液中苯胺盐铵阳离子聚合形成苯胺的二聚体；（4）二聚体被氧化再与溶液中苯胺盐形成苯胺的三聚体，之后，依次重复聚合而使聚合物链不断增长，最终生成某一链长的聚合物而沉积在电极表面。在电解过程中，由于氧化程度不同，可以生成4种形式的聚苯，每一种形式对应于一种颜色，在紫外和可见光范围内，它们有自己的特征吸收谱带。

聚苯胺的电化学合成方法简便，但其物理、化学特性极大地依赖于制备方法和合成时的实验参数，主要包括电解液的pH值、苯胺单体浓度、掺杂酸的种类、聚合电位、聚合电流密度、循环伏安扫描的次数和速率以及扫描上限、扫描方式等。

聚苯胺电聚合的反应液通常是酸性介质，以便发生质子化反应。质子酸通常采用相对分子质量较大、尺寸较大的功能质子酸，如樟脑磺酸（CSA）、十二烷基苯磺酸（DBSA）、对甲苯磺酸或小分子酸（如盐酸、高氯酸及硼氟酸）等。

电解液的pH值对苯胺的电化学聚合影响最大，当溶液pH值小于1.8时，聚合可得到具有氧化还原活性并有多种可逆颜色变化的聚苯胺膜；当溶液pH值大于1.8时，聚合得到无电活性的惰性膜。

电解液的pH值对苯胺的聚合速率有影响。在一定的浓度范围内，随着pH值降低，苯胺的聚合反应速率加快，PAN的电化学活性增强。这是由于在聚苯胺的合成过程中H对于掺杂起了很重要的作用，所以它的浓度必然也对反应的速度产生影响。pH值的降低使得苯胺质子化程度升高，导致聚苯胺膜中电荷转移速率提高，从而反应速率随之升高。

不同种类掺杂酸对聚苯胺的表面形貌有影响。在硫酸介质中，成核过程为扩散控制下的三维连续成核，得到疏松、多孔的膜；而在高氯酸介质中，成核则是电化学动力学控制下的二维成核过程，在电位较正时为二维连续成核过程，而在较负电位时，主要表现为二维瞬时成核，膜层呈网状且致密。掺杂酸种类影响苯胺的电聚合速率，不同质子酸掺杂下苯胺电聚合速率的变化顺序：$H_2SO_4>HCl>HNO_3>HClO_4$。该生成速率顺序归因于阴离子与质子化的单体之间，以及阴离子与质子化的聚苯胺主链之间形成的盐稳定性的差异。质子酸的阴离子嵌入聚苯胺分子共轭长链上，有利于聚苯胺的稳定。

苯胺单体浓度对聚苯胺的析出电位和聚合电流密度有影响。溶液中苯胺浓度越高，临界聚合电位越负。这说明当苯胺浓度增加时，电化学合成PAN所需的驱动力减小，氧化聚合反应有所提前。随着苯胺浓度的增大，聚合电流密度也呈指数上升，同时膜从薄至厚。综上所述，聚苯胺成膜速度随酸度和苯胺浓度的增加而增加。这与苯胺氧化聚合前发生质子化作用有关，所以保持一定溶液浓度是苯胺酸性条件下氧化聚合的前提条件。当溶液中硫酸浓度或苯胺浓度小于0.1mol/L时聚合难以发生。随溶液浓度增大，聚合速度明显加快，但浓度太大，生成的聚合膜稳定性差。

电极电位控制电化学合成产物的氧化程度，聚合电位和聚合电流都不宜过大，聚合电位比 0.8V 正时，则引起膜本身不可逆的氧化反应，使其活性下降。氧化电流密度不同，其制备聚苯胺膜的性能有较大的差别，在小于 $1A/m^2$ 的低电流密度下，可形成非常致密的附着性好的淡绿色的膜，大于 $1A/m^2$ 后聚合速度特别快，但是聚合电位相差不多。

采用循环伏安法进行扫描的过程中要注意：在不同的电压下电解，可以得到不同氧化形式的聚苯胺，在 0.3~0.4V 时得到翡翠绿的部分氧化形式（质子导体），在 0.7V 时得到翡翠基蓝的部分氧化形式（地缘），在 0.8V 时得到紫色的全氧化形（绝缘），在低于 0.2V（如降到 0.17V）时得到无色的全还原形式（绝缘）。当电位扫描范围的上限低于一定值时，电极表面虽有氧化还原反应发生，如溶液颜色有变化，CV 图上有氧化还原峰，但不能成膜。表明低于一定的临界电位，反应产物只是一些可溶性的二聚体或低聚物。而当扫描电位的上限过高时，PAN 膜的结构会发生改变，聚合膜的降解速度加快，氧化还原峰的可逆性较差，峰形较复杂，且聚苯胺的电化学活性随氧化电位的变正而降低。

另外，扫描速率和扫描方式对电化学合成物质也有很大的影响。在较低的扫描速率下，膜的氧化还原可逆性较好，而在扫描速率较高时，成膜曲线中氧化峰和其对应的还原峰在电位上相差很远，可逆性变差。

本实验通过简单的电化学装置方便地制备聚苯胺膜并观察外加电压对电氧化反应及聚苯胺性质的影响。

29.3　实验主要仪器与试剂材料

实验主要仪器：稳压电源 1 台，电化学工作站 1 台，滑线电阻器（$0\sim1\times10^5\Omega$）1 台，电流表 1 个，电子秤（精确到 0.1mg）1 台。

试剂材料导电玻璃（长 50mm、宽 45mm、厚 1mm，阳极），铜线电极（阴极），饱和甘汞电极，箔片电极，1.5V 电池；烧杯（500mL）2 只，$C_6H_5NH_2$（苯胺），HNO_3，稀硫酸，KCl。

29.4　实验步骤

实验步骤如下所示。

（1）配制 50mL 的 $3mol/dm^3$ HNO_3溶液（量取 6.8mL 浓 HNO_3，而后稀释至 50mL）。

（2）配制 $0.1mol/dm^3$ HNO_3 溶液和 $0.5mol/dm^3$ KCl 混合溶液（量取 1.5mL 的 $3mol/dm^3$ HNO_3，加入 1.7g KCl，稀释至 45mL，混合均匀）。

（3）烧杯中加入 40mL 的 $3mol/dm^3$ HNO_3溶液和 3mL $C_6H_5NH_2$，混合均匀。

（4）按图 29-1 连接电路。图 29-1 中外电路为直流电源，即电压是固定的。负载由电解池、固定电阻和滑片电阻器构成。通电后，生成的聚苯胺的颜色改变发生在秒数量级，所以，当电路闭合（电池正极与工作电极相连）发生电解时，只能观察到全氧化的紫色聚苯胺（与此相反，如果使电池负极与工作电极相连，则只能观察到全还原的无色聚苯胺）。

（5）闭合电路，调节可变电阻使电压为 0.6~0.7V，通电 20~30min 后断电，观察工作电极表面的变化。

(6) 移出两电极并置于盛有 0.1mol/dm^3 HNO_3 和 0.5mol/dm^3 KCl 混合溶液的另一烧杯中，闭合电路，分别观察在 1.15V、0.8～0.7V、0.4～0.3V、0.20～0.15V 不同电压下电解时工作电极表面的变化。

(7) 采用导电玻璃作为工作电极，金属铂片作为对电极，饱和坩埚电极作为参比电极（线路图如图 29-2 所示），通过控制扫描电压范围在-0.1～1.2V，扫描速率从 5～30mV/s，进行电化学合成导电聚苯胺薄膜。

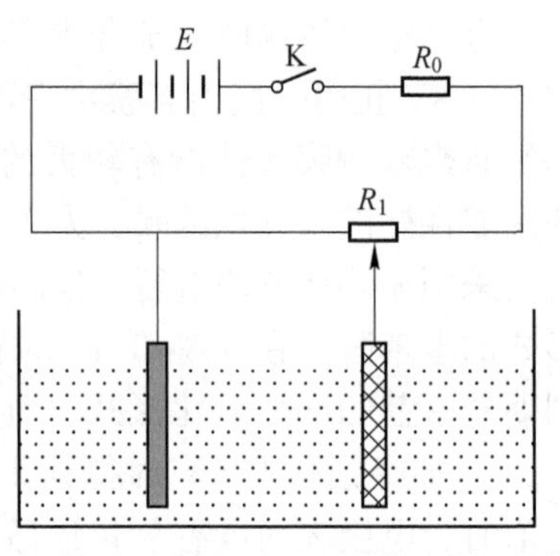

图 29-1　聚苯胺电化学合成图

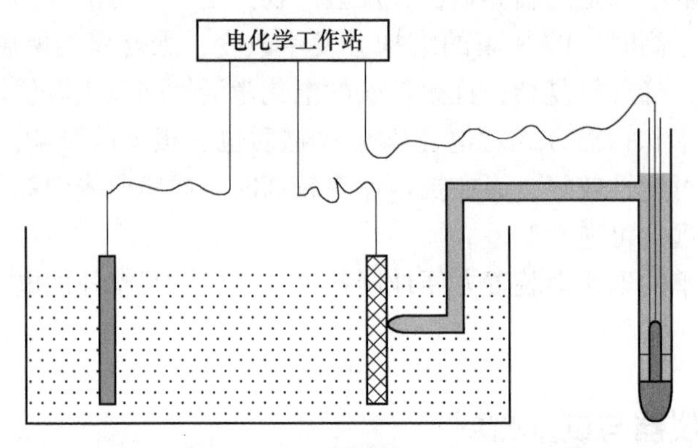

图 29-2　采用 CV 法合成聚苯胺的电路示意图

29.5　注意事项

反应需在酸性条件下进行，苯胺分子不仅是制备聚合物的原料，而且由 $C_6H_5NH_2$ 生成的盐使电解质的浓度大大增加，有利于导电性能的提升；另一方面，酸性条件下聚苯胺具有导电性，电子能通过聚苯胺传导至阳极，从而使链增长反应能继续进行。

29.6　思考题

(1) 恒电位法合成聚苯胺的影响因素有哪些？
(2) 循环伏安合成聚苯胺的影响因素有哪些？
(3) 恒电位法和循环伏安法合成聚苯胺各有什么优缺点？

实验30　锌/二氧化锰纸板电池的组装与电化学性能测试

30.1　实验目的

（1）了解锌/二氧化锰电池的工作原理。

（2）掌握锌/二氧化锰电池性能的制作工艺。

（3）理解影响电池电化学性能的影响因素。

30.2　实验原理

锌/二氧化锰纸板电池采用纸板浆层隔膜代替纸板糊层隔膜，放电比容量高于糊状锌锰电池，其电解质有氯化铵型和氯化锌型，具有体积小，容量大，能大电流放电、连续使用时间长等优点；尤其锌型纸板电池大电流放电，连放特性好，称为高功率电池。

氯化铵型和氯化锌型的主要差异为：

氯化铵在电池中的作用有：（1）作为活性物质，它直接参加电池反应；（2）作为电解质，在正负极之间起离子导电作用，在氯化物中氯化铵的导电能力是最高的；（3）它可以降低正极附近的 pH 值，能改善电池的放电性能。正极在反应时每个 MnO_2 分子在获得一个电子的同时，溶液中有一个 H^+转入到 MnO_2 颗粒上形成一个水锰石分子 MnOOH，随着放电的进行，正极附近的 H^+浓度要减少。这样会引起 pH 值的升高，但是由于氯化铵是强酸弱碱的盐，它水解后产生盐酸和氢氧化铵，盐酸电离可以提供 H^+，因此可以抑制正极附近 pH 值的升高。

氯化锌在电池中的作用有：（1）离子导电；（2）有良好的吸湿性，有利于电液保持水分；（3）加速糊化；（4）氯化锌是强酸弱碱的盐，与氯化铵有相同的作用，可以抑制正极附近 pH 值的上升；（5）具有降低冰点的作用，有利于改善电池的低温性能；（6）氯化锌具有防止电糊腐烂变质的作用。（7）氯化锌可增大铵在水中的溶解度，对通常的氯化铵型电池来说，使氯化铵能更充分被利用，将利于改善电池的性能。（8）氯化锌可以除去电池副反应中产生的氨气，即 $ZnCl_2+2NH_3 \rightarrow Zn(NH_3)_2Cl_2$ 去掉电池内部的氨气对于防止气胀、漏液均有好处。

由上可见：氯化锌虽然有很多优点，但是糊状电池中氯化锌的用量不宜过高，如果在电液中氯化锌的含量过高，必将使氯化锌在电液中的相对百分含量降低，使电池内阻增大，这是因为氯化锌的导电能力不如氯化铵高，同时浓度过高超过 12%时电糊会自动糊化，使操作无法进行，现在国内外研制的氯化锌型电池一般是采用 13%~27%的氯化锌为主要电解质，加入 2%~8%的氯化铵，根据上述理由氯化锌型电池是不易采用糊式结构。

电池表达式：

$$(-)Zn|ZnCl_2|MnO_2(+)$$

阳极：

$$4Zn - 8e \longrightarrow 4Zn^{2+}$$

电解液反应：

$$4Zn^{2+} + 8H_2O \longrightarrow 4Zn(OH)_2 + 8H^+$$

$$4Zn(OH)_2 + ZnCl_2 + H_2O \longrightarrow ZnCl_2 \cdot 4ZnO \cdot 5H_2O$$

阴极：

$$8MnO_2 + 8e + 8H^+ \longrightarrow 8MnOOH$$

电池总反应：

$$4Zn + 9H_2O + ZnCl_2 + 8MnO_2 \longrightarrow 8MnOOH + ZnCl_2 \cdot 4ZnO \cdot 5H_2O$$

30.3　实验主要仪器及试剂材料

实验主要仪器：打芯机，复压机，插碳棒机，上钢帽机，卷口机，电压表，电流表，电池模具，充放电测试仪，电化学工作站。

试剂材料：电池各零部件，锰粉，乙炔黑，$ZnCl_2$ 和 NH_4Cl 电解液，沥青。

30.4　实验步骤

实验步骤为：

（1）将二氧化锰与乙炔黑的混合比例（质量比）调为85∶15，再加入30%的蒸馏水，并搅拌均匀，拌粉完毕后要求放48h以上，要求粉料均匀一致。

（2）配制电液25%（质量分数）$ZnCl_2$+7%（质量分数）NH_4Cl+68%（质量分数）H_2O，电液配制后用锌粒没泡80h（温度55℃）后，再过滤使用。

（3）电芯（正极）制作，将正极粉料加入打芯机模具内，挤压成型。单支电芯质量为（7.8±0.5）g。

（4）按图30-1所示的电池装配流程进行电池组装。

（5）检测电池的开路电压。

（6）使用电化学工作站测试电池阻抗以及充放电完成后的阻抗。

（7）采用电化学工作站测试电池的充放电电压平台以及电池可逆性的优劣。

（8）采用电池充放电仪测试电池的阻塞性能、充放电容量、使用寿命以及倍率性能。

30.5　注意事项

注意事项：

（1）冲制隔膜过程中，注意保持隔膜的完整性和规整度。

（2）电池组装过程较为复杂，注意组装顺序。

（3）电池卷边后，注意是否完全密封。

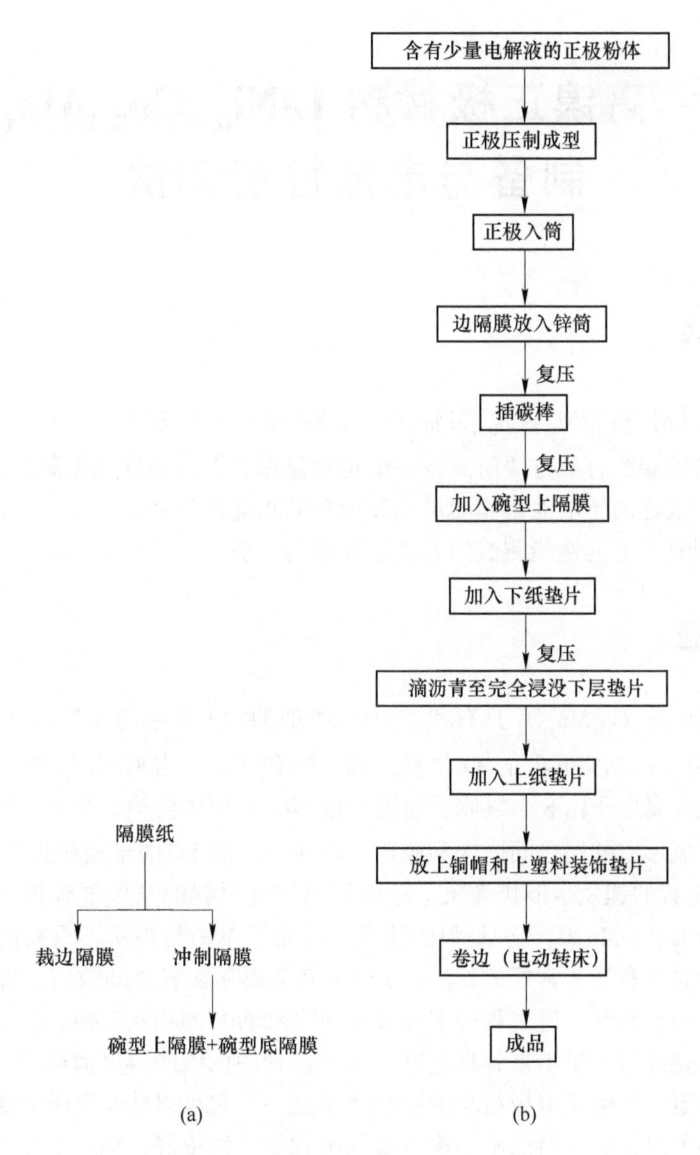

图 30-1　电池组装图
（a）电池隔膜制备；（b）电池组装流程图

30.6　思考题

（1）电池制备过程中，对二氧化锰的粉料有哪些要求？
（2）简述褶皱的隔膜对电池性能的影响。
（3）隔膜残缺可能会对电池产生什么样的影响？
（4）锌型纸板电池密封工序对其性能有哪些影响？
（5）如何建立合理的等效电路图对电化学阻抗谱进行拟合？

实验 31　高镍正极材料 $LiNi_{0.8}Co_{0.1}Mn_{0.1}O_2$ 的制备与电池性能测试

31.1　实验目的

（1）掌握正极材料 $LiNi_{0.8}Co_{0.1}Mn_{0.1}O_2$ 的溶胶凝胶合成方法。
（2）了解溶胶凝胶合成方法所需设备的正确操作和合成条件的控制。
（3）掌握扣式锂离子电池制作的过程和设备的正确操作。
（4）掌握锂离子电池性能测试的方法及数据的分析。

31.2　实验原理

三元材料 $LiNi_{1-x-y}Co_xMn_yO_2$ 具有和 $LiCoO_2$ 类似的六方晶系的 α-$NaFeO_2$ 层状结构，空间群 R-3m。锂离子占据空间群的 3a 位置；镍、钴和锰离子占据 3b 位置；氧离子占据 6c 位置。每个过渡金属原子由 6 个氧原子包围形成 MO_6 八面体结构。充放电过程中，锂离子可在过渡金属与氧形成的层之间嵌入和脱出。由于 Ni^{2+} 和 Li^+ 的半径相近，所以很可能 3b 位置的镍和 3a 位置的锂发生混排现象，从而影响三元材料的充放电容量。三元材料综合了 $LiNiO_2$、$LiCoO_2$、$LiMn_2O_4$ 3 种材料的优点，补充了单一材料所不具有的性能，三元材料中每种过渡金属都有其非常好的作用，3 种过渡金属存在着协同效应。镍是电极材料的主要活性物质之一，在充放电过程中主要发生 Ni^{2+} 和 Ni^{4+} 的相互转换，镍元素主要保证材料的高容量，但是镍的含量不是越高越好，循环过程中低镍的容量消耗小，镍发生反应时会导致材料不稳定。钴也是电极材料的活性物质之一，它可以减弱离子的混排现象，稳定材料的结构，还可以提高材料的电导率。锰的电化学惰性很好，Mn^{3+} 会发生 Jahn-Teller 效应，导致材料变形影响电化学性能；而 Mn^{4+} 不参加电化学反应，使材料保持稳定的结构，因此锰元素主要起稳定结构的作用。所以说三元正极材料由于每种过渡金属所起到的不同作用而具有协同效应，因此具有很好的发展前景。目前研究的三元材料中研究较多的是三元材料的合成方法以及改性研究。三元材料目前的主要合成方法有高温固相法、共沉淀法、溶胶凝胶法、水热法、微波法等。

31.3　实验主要仪器及试剂材料

实验设备：电子天平，水浴锅，研钵，坩埚，管式炉，0.045mm（270 目）筛网，真空干燥箱，涂布机，高温干燥箱，裁片机，对辊机，电池注液手套箱，蓝电充放电测试仪，电化学工作站等。

实验原料：乙酸镍，乙酸锰，硝酸钴，氢氧化锂，柠檬酸，NMP，PVDF，导电剂，铝箔，电池壳，隔膜，电解液等。

31.4 实验步骤

31.4.1 合成 $LiNi_{0.8}Co_{0.1}Mn_{0.1}O_2$ 正极材料

采用溶胶凝胶法合成 $LiNi_{0.8}Co_{0.1}Mn_{0.1}O_2$ 正极材料。以合成4g $LiNi_{0.8}Co_{0.1}Mn_{0.1}O_2$ 正极材料为目标。其合成步骤如下：

（1）按质量比为8：1：1分别称取乙酸镍、硝酸钴及乙酸锰，后混合加入100mL烧杯中，加25mL去离子水溶解，在磁力加热搅拌器（75℃）下搅拌得均匀混合溶液1。

（2）按锂过量2%称取氢氧化锂，按柠檬酸：总金属离子为1：1称取柠檬酸，加15mL去离子水溶于50mL烧杯中，在磁力加热搅拌器（75℃）下搅拌得透明溶液2。

（3）将透明溶液2缓慢地滴加于溶液1中，后在磁力加热搅拌器（75℃）下蒸发其中水分，得凝胶。把凝胶放置于高温干燥箱中（180℃）干燥12h后得前驱体，后于研钵中研磨得粉体物料。

（4）把粉体物料放于坩埚内，震实后放于已经设定好烧结制度的气氛烧结炉中，在通氧气的情况下进行烧结。

（5）将烧结完成后的粉料研磨，过0.045mm（270目）筛子，后置于120℃高温干燥箱中干燥12h得 $LiNi_{0.8}Co_{0.1}Mn_{0.1}O_2$ 正极材料。

31.4.2 扣式锂离子电池的制作

按80：10：10的质量比分别称取正极材料、PVDF（聚偏四氟乙烯）、S-P（导电剂），以N-甲基吡咯烷酮为溶剂，按照所需固含量（固含量指所有固相粉末质量占整个浆料的比例），将PVDF完全溶解成透明胶状后，再加入正极材料与导电剂，在球磨机上搅拌均匀，将搅拌均匀的浆料经简易涂布机均匀地涂敷在铝箔上，烘干后得到正极极片，再将正极极片在对辊机上辊压成平整的薄片。

正极极片辊压后，用手动冲片机将正极材料冲孔成直径约为1cm的圆片，每个极片分别称重记录放入60℃真空干燥箱中真空干燥12h，将干燥好的正极材料圆片、电池正负极壳、隔膜等备用品用袋子装好放入有氩气保护的手套箱。将金属锂片作负极，微孔复合聚合物作隔膜，1mol/L $LiPF_6$ 的碳酸乙烯酯（EC）+碳酸二甲酯（DMC）（体积比为1：1）作电解液，制成扣式锂离子电池。

31.4.3 电池电化学性能测试

在25℃下，将静置12h后的电池放到电池综合性能测试柜中进行化成、倍率及循环测试，下述测试过程仅作为示例，充放电软件使用蓝电电池测试系统，阻抗测试使用辰华电化学工作站作为演示。

31.4.3.1 化成测试

（1）打开蓝电测试系统，如图31-1所示：“010”号测试柜的第“3”个通道显示

“完成”（根据测试柜上每个通道旁小红灯的亮灯是否亮起也可以判断测试是否完成），将组装好的纽扣电池根据正负极接在充放电测试仪对应的通道上。

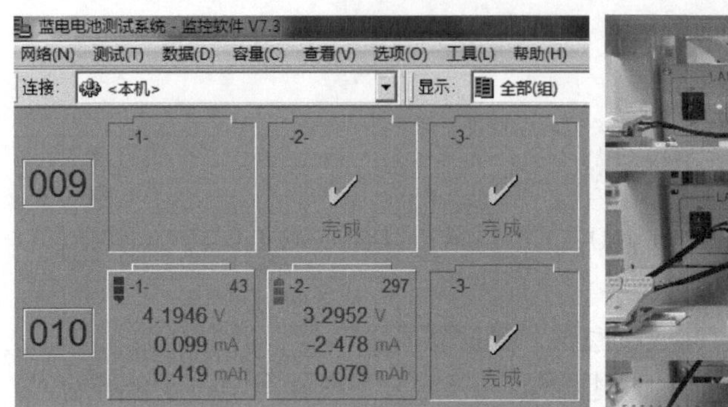

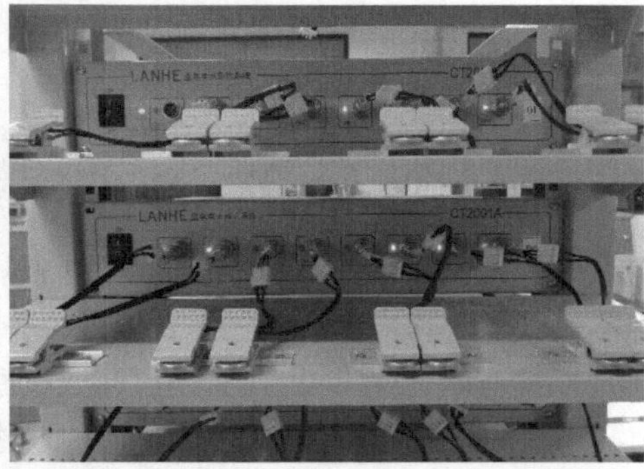

图 31-1　充放电测试仪与软件界面

（2）鼠标右键电极所选通道，如图 31-2～图 31-7 所示：选择“启动”，“当前测试”的程序选择“新建”，进入程序设置界面，界面最左侧为“工步对象”。在“测试开始”和“测试结束”之间，通过将左侧栏对应工步拖入的方式进行设置。化成测试工步一般按照“静置”→“恒流充电”→“恒压充电”→“静置”→“恒流放电”进行测试。其中，截止电流为 0. 12mA 时，以 0. 1C 倍率的电流恒流恒压充电至 4. 35V，搁置 30min 后，再以 0. 1C 倍率的电流恒流放电至 2. 75V，到结束为止。

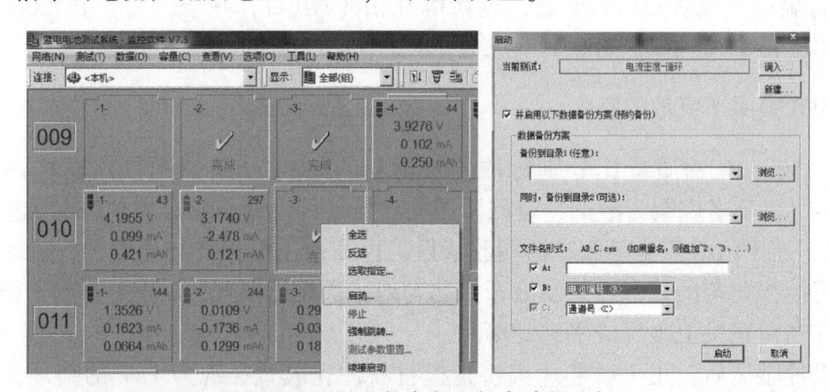

图 31-2　测试文件命名和保存路径选择

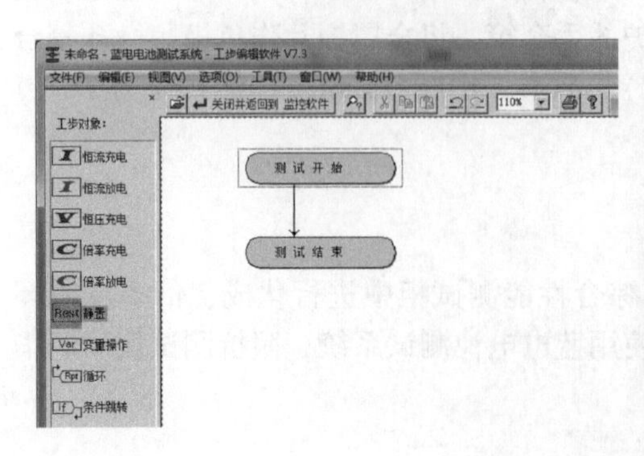

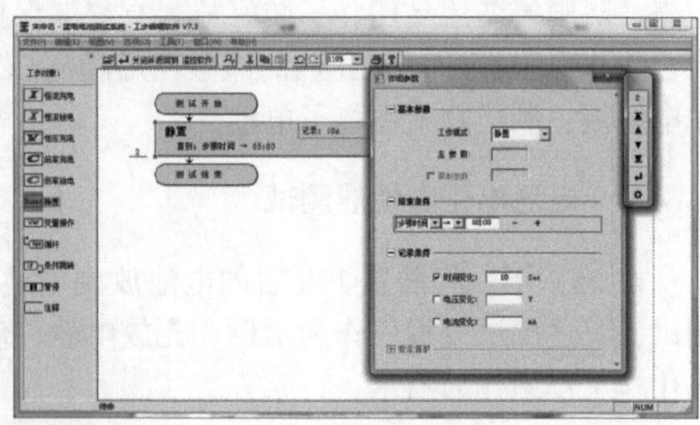

图 31-3　测试静置步骤参数设置

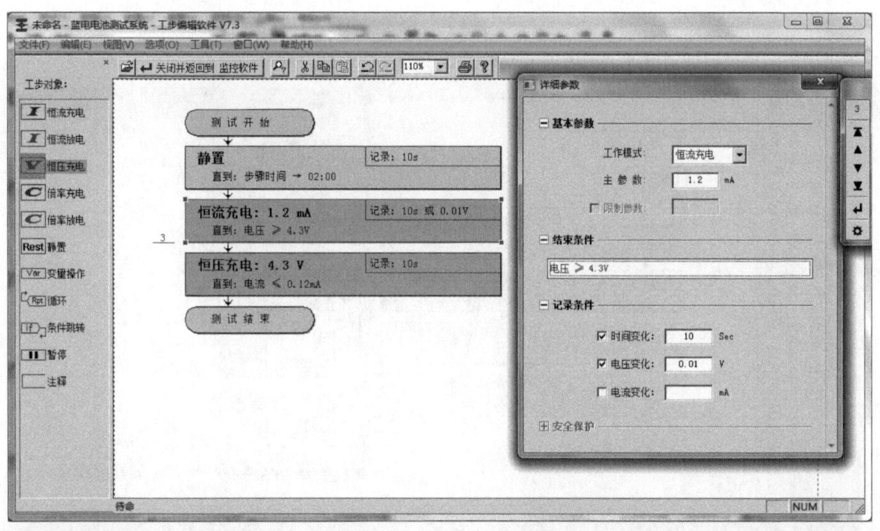

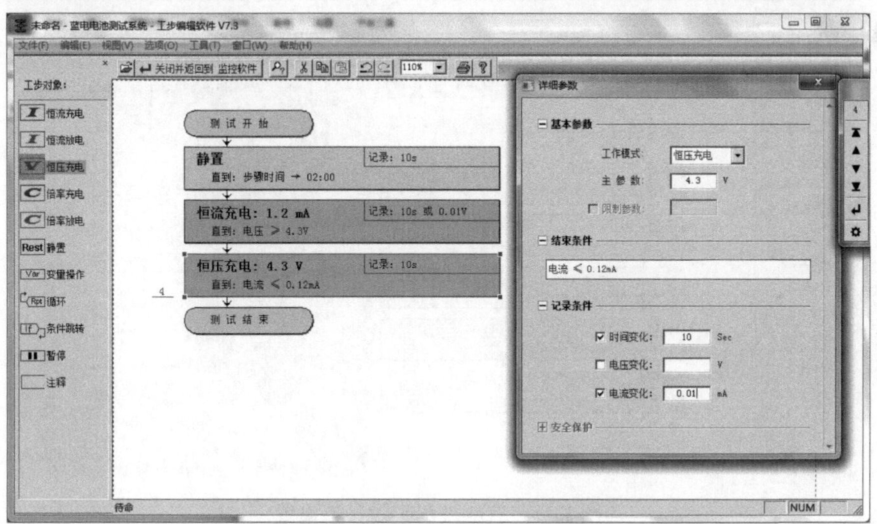

图 31-4　恒流和恒压充电步骤参数设置

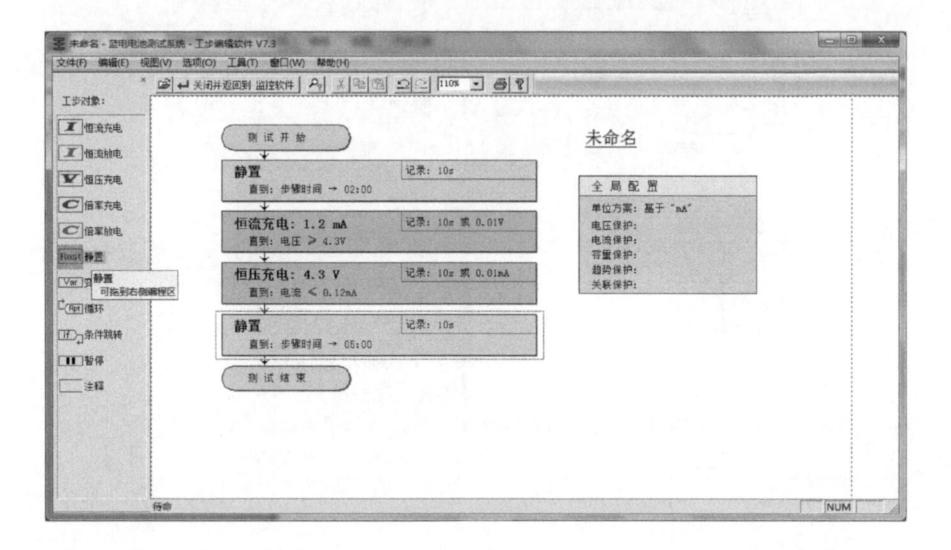

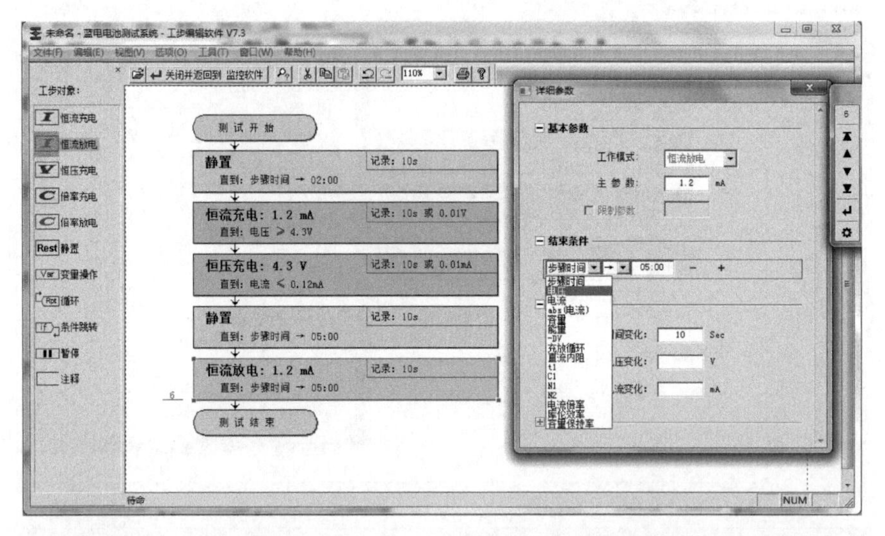

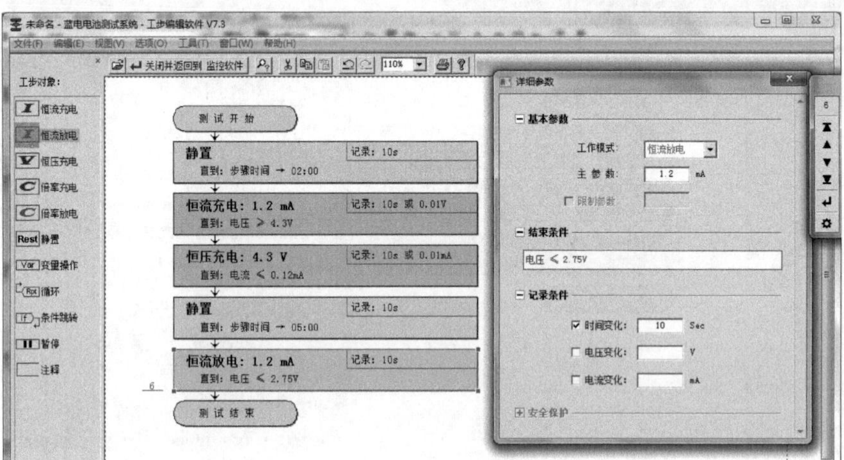

图 31-5　放电过程步骤参数设置

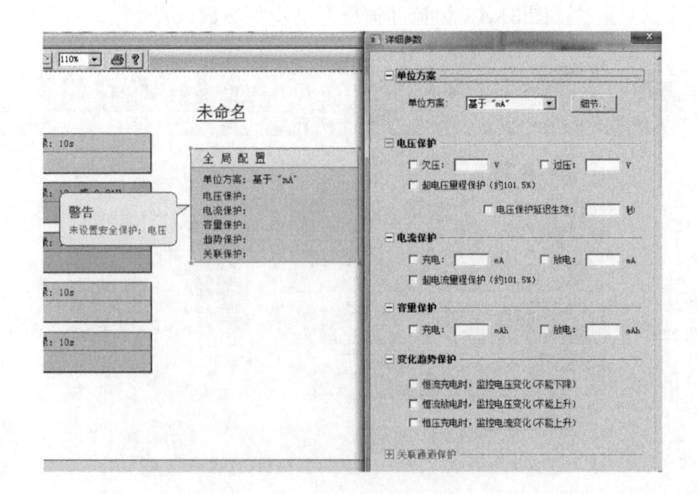

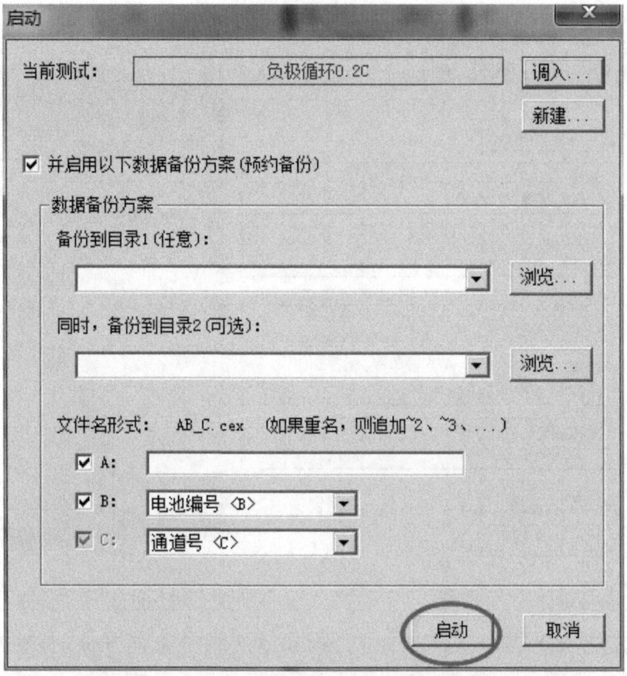

图 31-6　充放电测试仪保护参数设置和启动

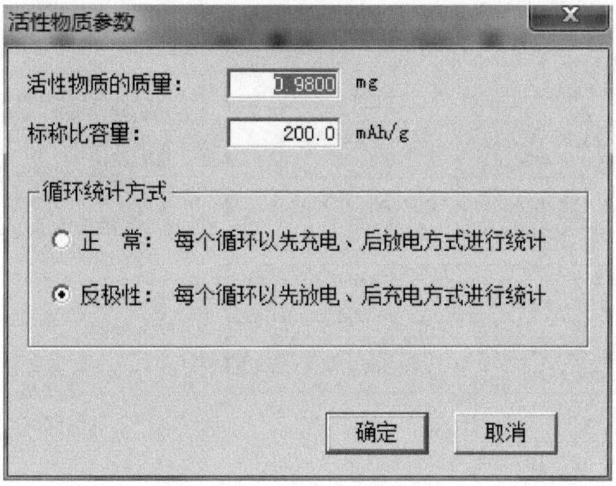

图 31-7　活性物质参数设置

31. 4. 3. 2　循环性能测试

鼠标右键电极所选通道，如图 31-8 所示：选择“启动”，“当前测试”的程序选择“新建”，进入程序设置界面，界面最左侧为“工步对象”。在“测试开始”和“测试结束”之间，通过将左侧栏对应工步拖入的方式进行设置。

循环性能测试工步一般按照“静置”→“恒流充电”→“恒压充电”→“静置”→“恒流放电”→“循环条件”进行测试。其中，截止电流为 0. 12mA 时，以 1. 2mA 的电流恒流恒压充电至 4. 35V，当电流低于搁置 30min 后，再以 0. 122mA 的电流恒流放电至 2. 75V，然后循环 50 次后结束电化学循环测试。

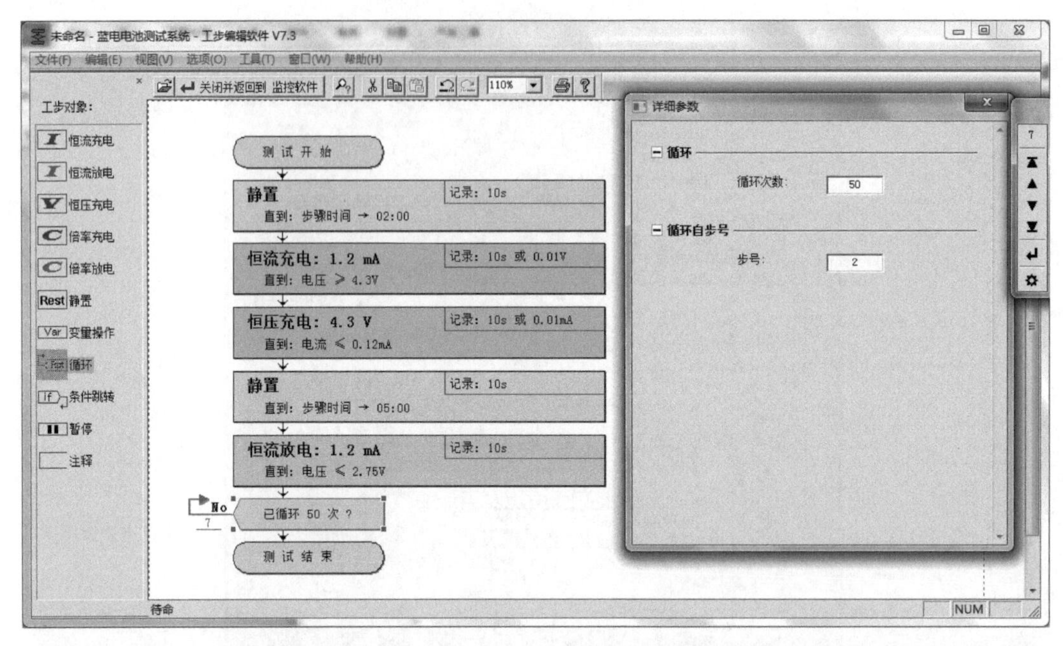

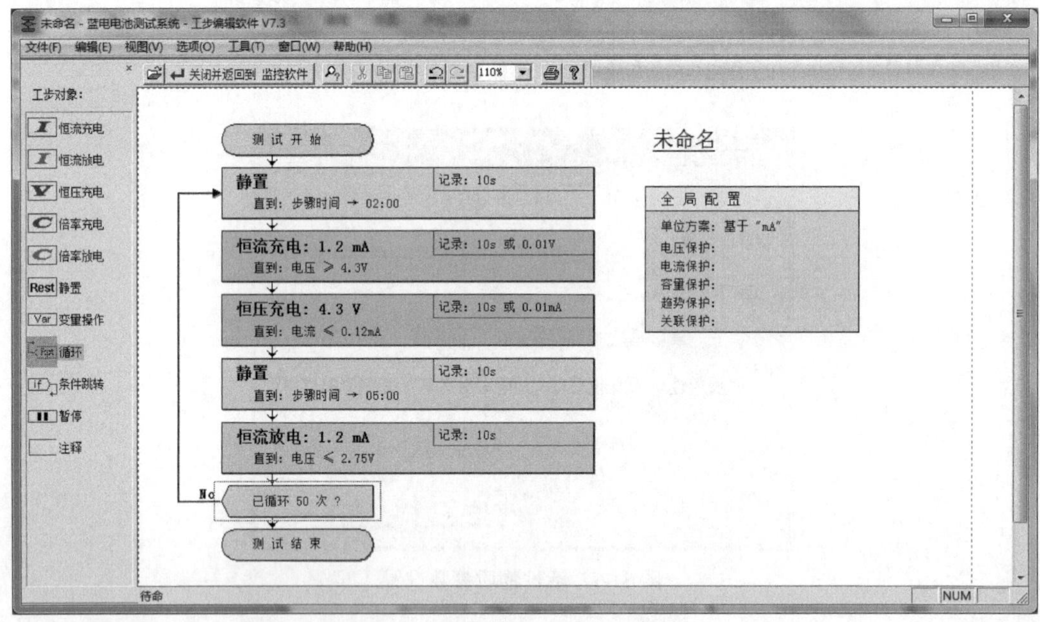

图 31-8　充放电循环过程参数设置

31.4.3.3　倍率性能测试

鼠标右键电极所选通道，如图 31-9 所示：选择“启动”，“当前测试”的程序选择“新建”，进入程序设置界面，界面最左侧为“工步对象”。在“测试开始”和“测试结束”之间，通过将左侧栏对应工步拖入的方式进行设置。

倍率性能测试工步一般按照“静置”→“恒流充电”→“恒压充电”→“静置”→“恒流放电”→“循环条件”→“静置”→“恒流充电”→“恒压充电”→“静置”→

“恒流放电”→“循环条件”→……进行测试。

注意事项：测试过程通常采用小倍率→大倍率→小倍率，进行测试。相同倍率下的循环次数一般为 5 次，而大倍率测试后返回小倍率测试的数据和起始小倍率测试数据较为接近时，才可以证明倍率测试数据的有效性。倍率充放电时，恒压充电的截止条件可以是时间或电流。

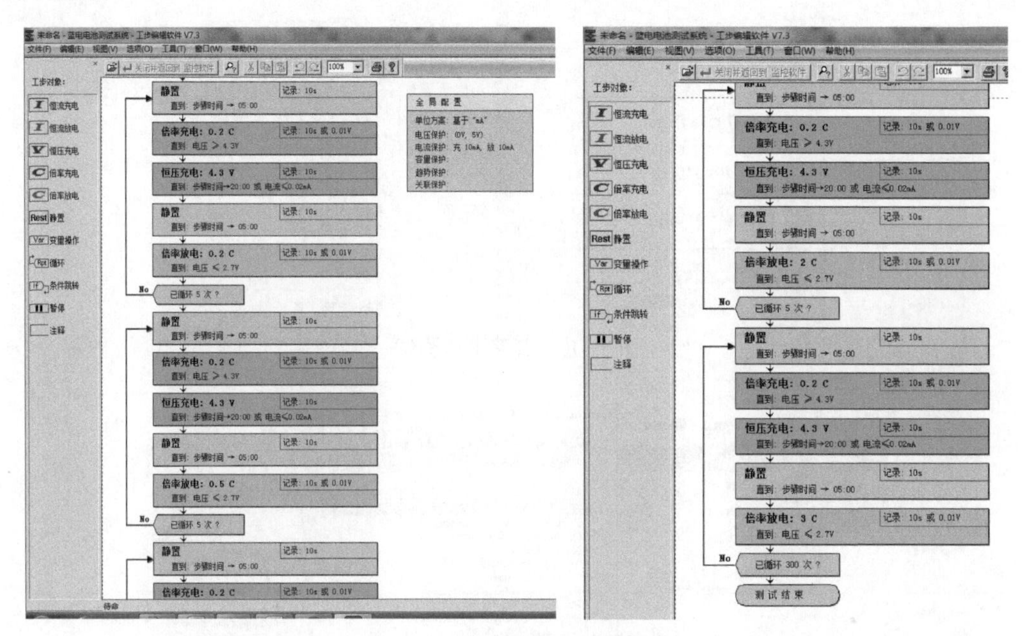

图 31-9　充放电倍率参数设置

31.4.3.4　循环伏安测试

（1）接好实验装置（一般红色夹头接辅助电极，白色夹头接参比电极，绿色夹头接工作电极。

（2）依次打开电化学工作站（见图 5-3）、计算机、显示器等电源，预热 30min 后启动 CHI760E 软件。

（3）执行“Control”菜单中的“Open Circuit Potential”命令，获得开路电压（见图 31-10）。在“Setup”的菜单中执行“Technique”命令，在显示的对话框中选择“Cyclic Voltametry”进入参数设置界面（如未出现参数设置界面，再执行“Setup”菜单中的“Parameters”命令进入参数设置界面）（见图 31-11）。

实验条件设置如下。Init E（初始电位），步骤（4）测得的自然电位；High E（最高电位）；扫描速度，0.1mV/s；Sensitivity（灵敏度），默认。执行“Control”菜单中的“Run Experiment”命令，开始极化实验（见图 31-12）。

31.4.3.5　阻抗测试

（1）电化学工作站启动（见图 5-3）。依次打开电化学工作站、计算机、显示器等电源，预热 30min 后启动 CHI760E 软件。

（2）测定开路电位。执行“Control”菜单中的“Open Circuit Potential”命令，获得

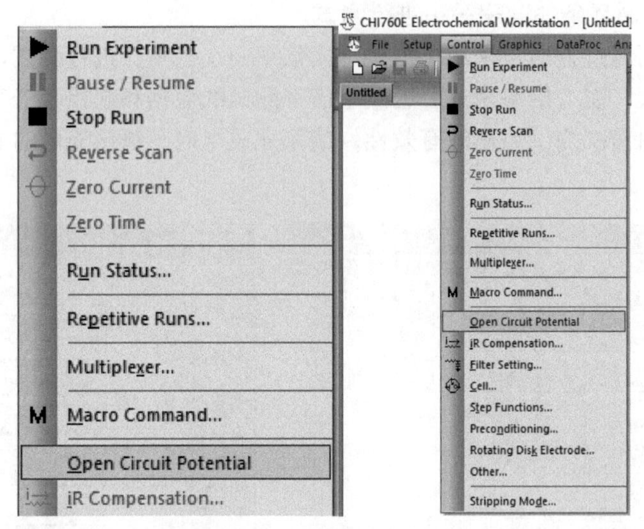

图 31-10　开路电压测试

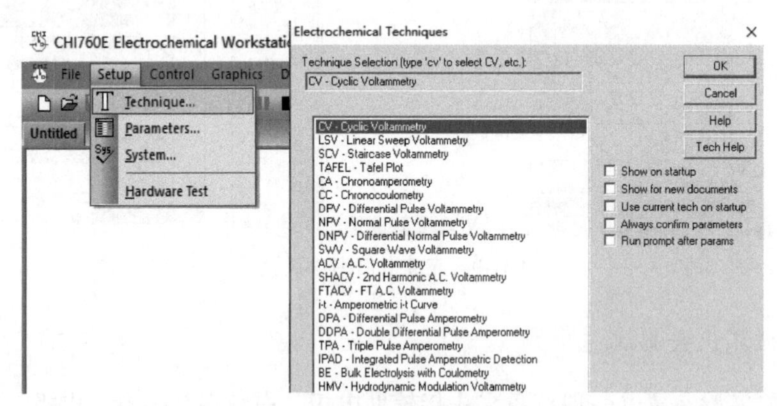

图 31-11　测试方法的选择

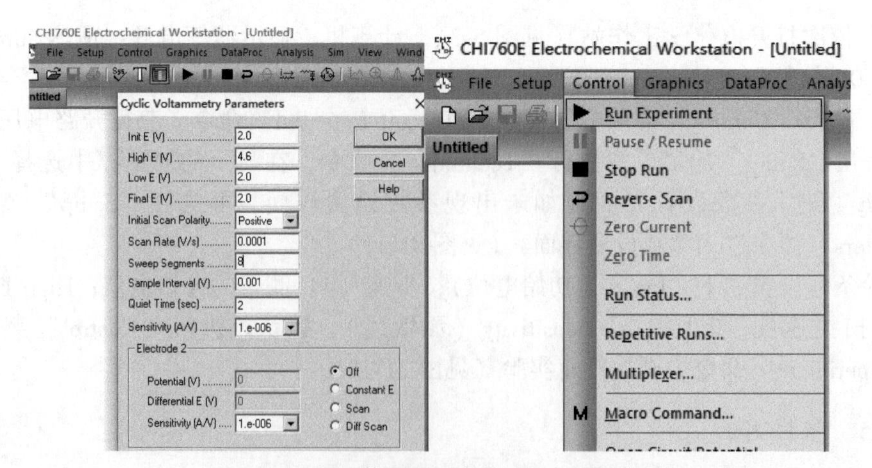

图 31-12　循环伏安测试参数设置与测试启动

开路电压。

（3）测定 EIS 曲线。点击“T”（Technique）选中对话框中“A. C. impedance”实验

技术，点击“OK”（见图 31-13）。设置参数“▒”（parameters）选择参数，初始电位（Init E）设为步骤（3）得到的值，high Frequency 设为 100000Hz，Low Frequency 设为 0.01Hz，其他可用仪器默认值，点击“OK”（见图 31-14）。点击“▶”开始实验，得到 EIS 曲线数据。

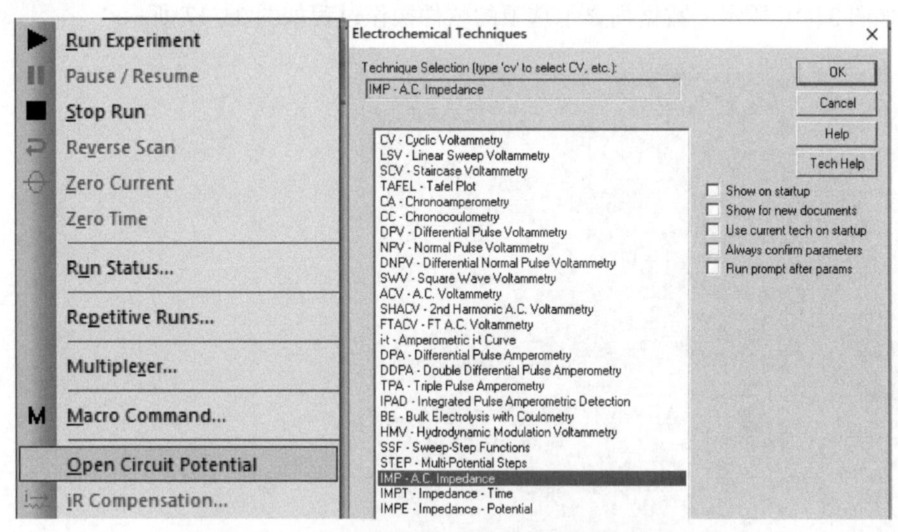

图 31-13　开路电压的测试与交流阻抗测试方法的选定

A.C. Impedance Parameters

Init E (V) 2.0
High Frequency (Hz) 100000
Low Frequency (Hz) 1
Amplitude (V) 0.005
Quiet Time (sec) 2

OK　Cancel　Help

Sensitivity Scale Setting: ☑ Automatic　Manual

Measurement Mode above 100 Hz: ○ FT　◉ Single Freq.　○ Galvanostatic

Measuring Time or Cycles and Points

Freq Range	Avrg/Cycles	Points / Decade Freq
100K - 1M Hz :	1	12
10K - 100K Hz :	1	12
1K - 10K Hz :	1	12
100 - 1K Hz :	1	12
10 - 100 Hz :	1	12
1 - 10 Hz :	1	12
0.1 - 1 Hz (cycles)	1	12
0.01 - 0.1 Hz (cycles)	1	12
0.001 - 0.01 Hz (cycles)	1	12
.0001 - .001 Hz (cycles)	1	12
.00001 - .0001 Hz (cyc)	1	12

Bias DC Current During Run : Below 1 Hz

图 31-14　交流阻抗测试参数的设定

31.5　数据分析及处理示例

充放电测试数据查看方法如图 31-15 所示，呈现充放电比容量和循环效率图的软件操作过程如图 31-16 所示，数据列显示选项的软件操作过程如图 31-17 所示。

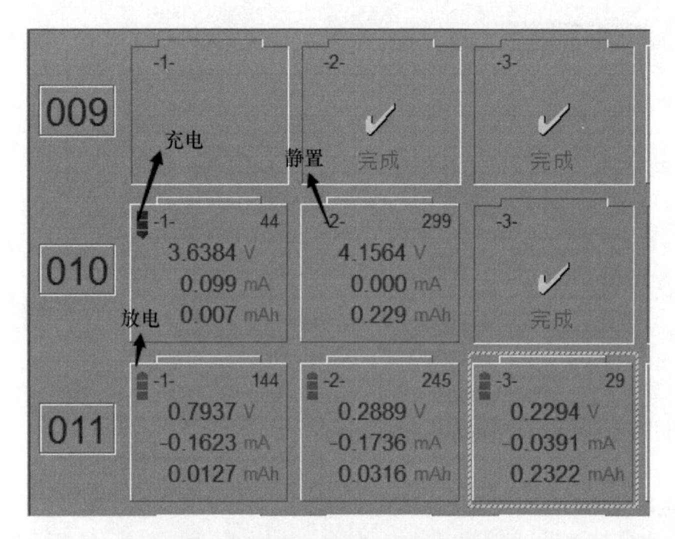

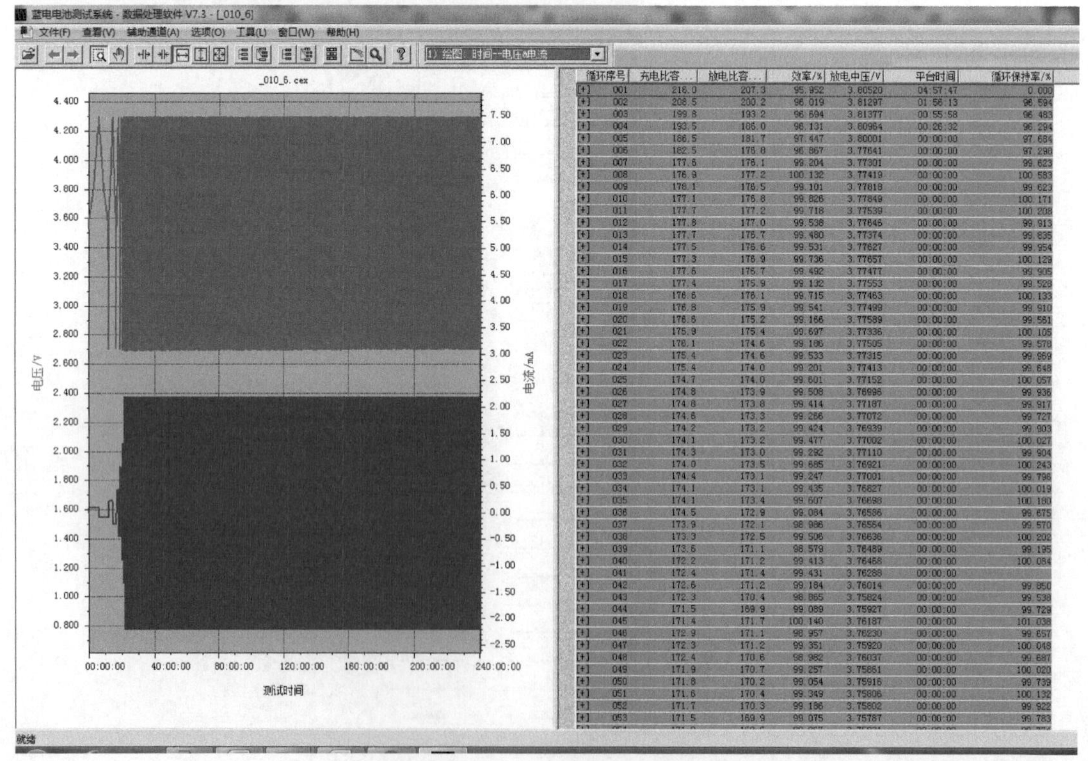

图 31-15　充放电测试数据查看

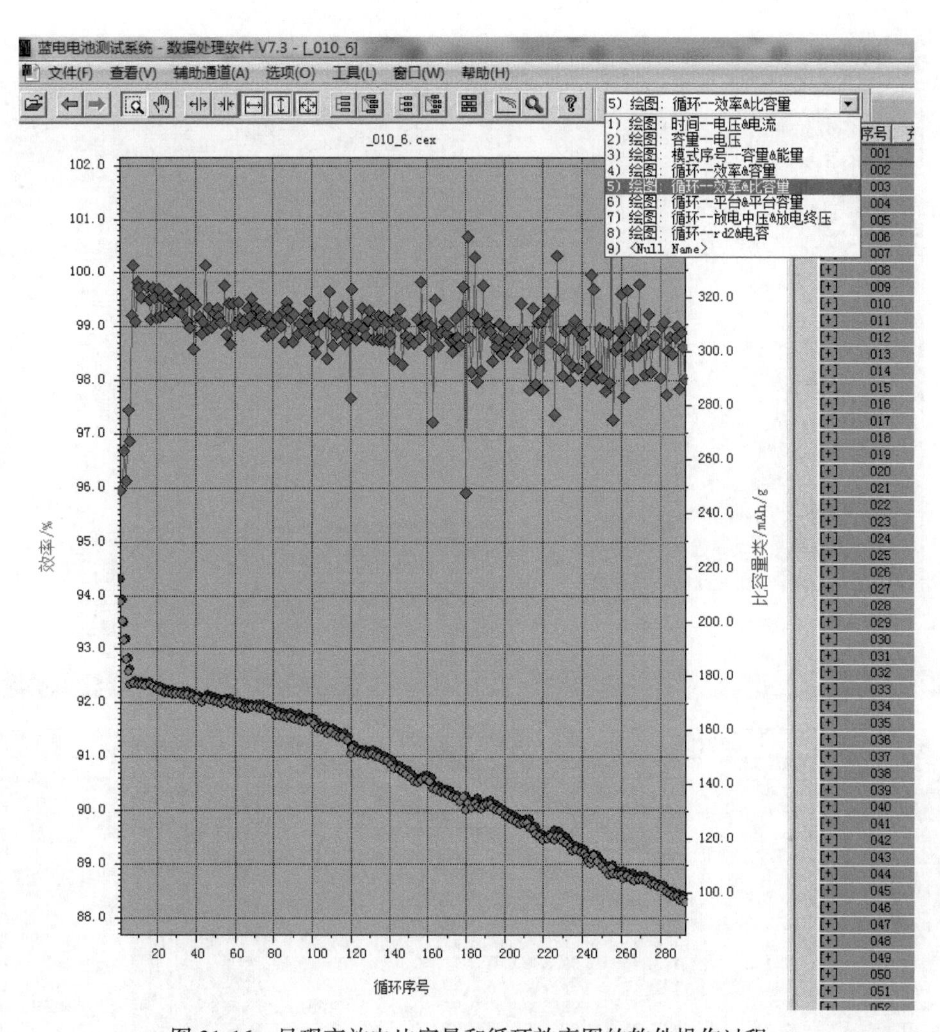

图 31-16　呈现充放电比容量和循环效率图的软件操作过程

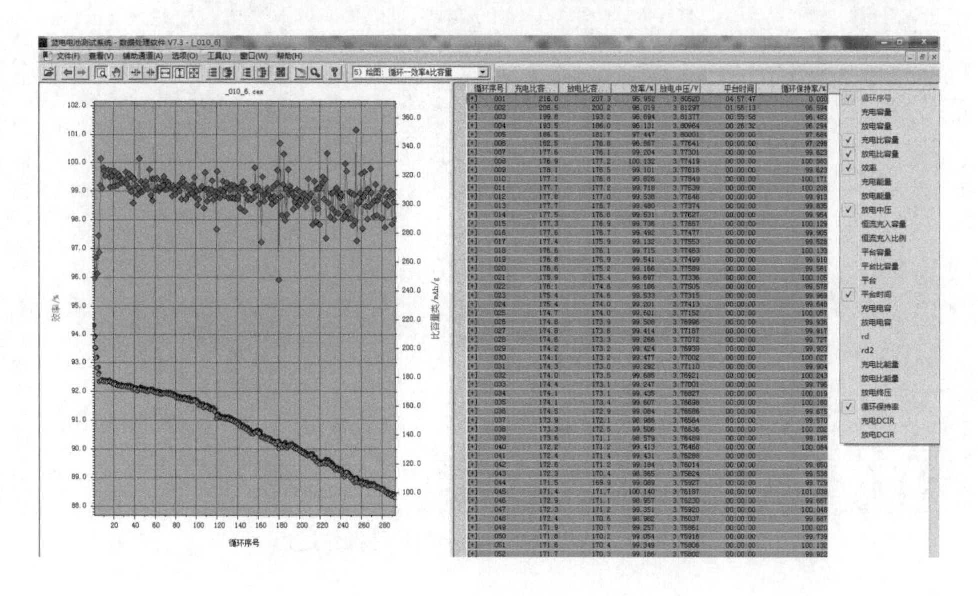

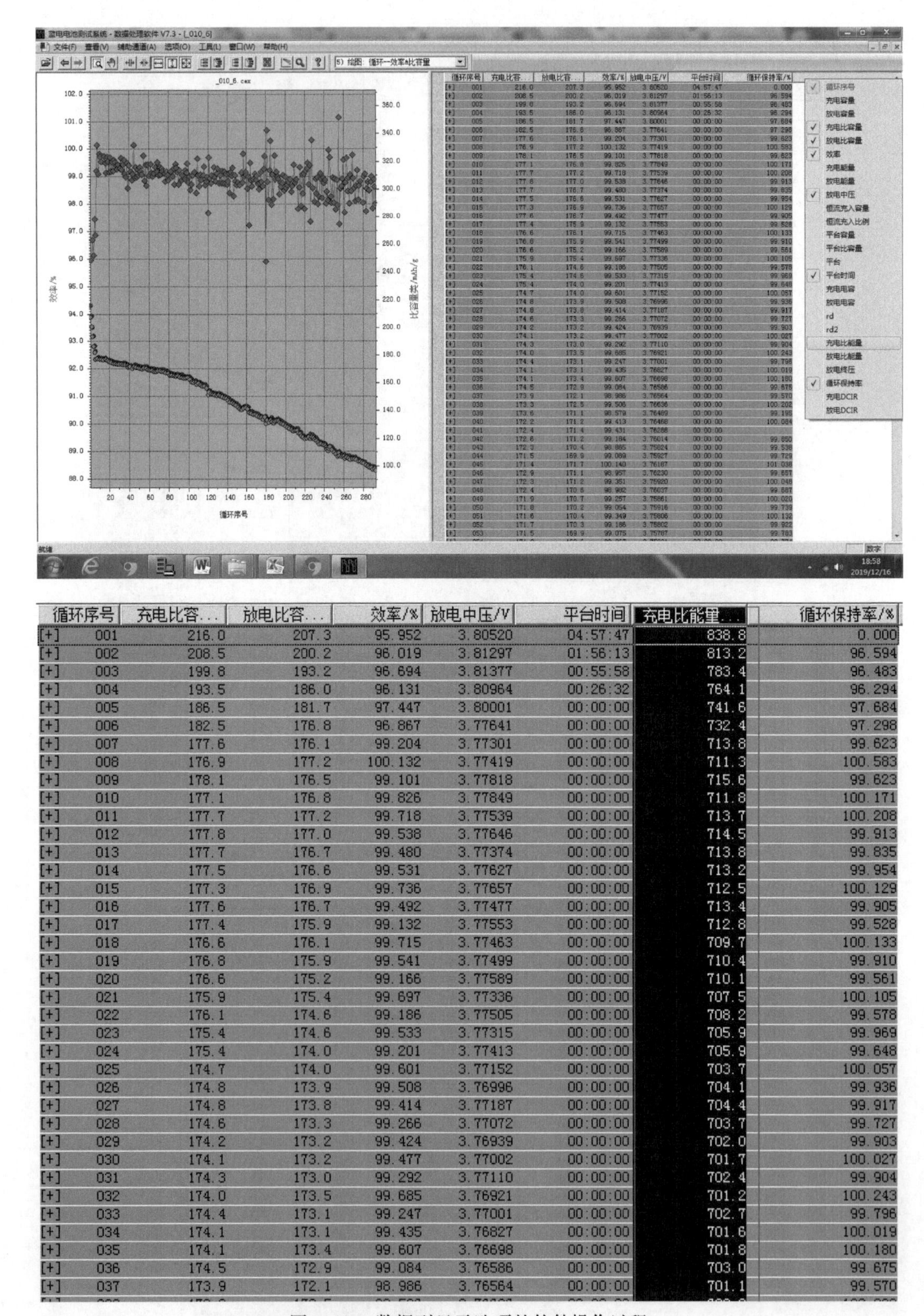

循环序号	充电比容...	放电比容...	效率/%	放电中压/V	平台时间	充电比能量...	循环保持率/%
[+] 001	216.0	207.3	95.952	3.80520	04:57:47	838.8	0.000
[+] 002	208.5	200.2	96.019	3.81297	01:56:13	813.2	96.594
[+] 003	199.8	193.2	96.694	3.81377	00:55:58	783.4	96.483
[+] 004	193.5	186.0	96.131	3.80964	00:26:32	764.1	96.294
[+] 005	186.5	181.7	97.447	3.80001	00:00:00	741.6	97.684
[+] 006	182.5	176.8	96.867	3.77641	00:00:00	732.4	97.298
[+] 007	177.6	176.1	99.204	3.77301	00:00:00	713.8	99.623
[+] 008	176.9	177.2	100.132	3.77419	00:00:00	711.3	100.583
[+] 009	178.1	176.5	99.101	3.77818	00:00:00	715.6	99.623
[+] 010	177.1	176.8	99.826	3.77849	00:00:00	711.8	100.171
[+] 011	177.7	177.2	99.718	3.77539	00:00:00	713.7	100.208
[+] 012	177.8	177.0	99.538	3.77646	00:00:00	714.5	99.913
[+] 013	177.7	176.7	99.480	3.77374	00:00:00	713.8	99.835
[+] 014	177.5	176.6	99.531	3.77627	00:00:00	713.2	99.954
[+] 015	177.3	176.9	99.736	3.77657	00:00:00	712.5	100.129
[+] 016	177.6	176.7	99.492	3.77477	00:00:00	713.4	99.905
[+] 017	177.4	175.9	99.132	3.77553	00:00:00	712.8	99.528
[+] 018	176.6	176.1	99.715	3.77463	00:00:00	709.7	100.133
[+] 019	176.8	175.9	99.541	3.77499	00:00:00	710.4	99.910
[+] 020	176.6	175.2	99.166	3.77589	00:00:00	710.1	99.561
[+] 021	175.9	175.4	99.697	3.77336	00:00:00	707.5	100.105
[+] 022	176.1	174.6	99.186	3.77505	00:00:00	708.2	99.578
[+] 023	175.4	174.6	99.533	3.77315	00:00:00	705.9	99.969
[+] 024	175.4	174.0	99.201	3.77413	00:00:00	705.9	99.648
[+] 025	174.7	174.0	99.601	3.77152	00:00:00	703.7	100.057
[+] 026	174.8	173.9	99.508	3.76996	00:00:00	704.1	99.936
[+] 027	174.8	173.8	99.414	3.77187	00:00:00	704.4	99.917
[+] 028	174.6	173.3	99.266	3.77072	00:00:00	703.7	99.727
[+] 029	174.2	173.2	99.424	3.76939	00:00:00	702.0	99.903
[+] 030	174.1	173.2	99.477	3.77002	00:00:00	701.7	100.027
[+] 031	174.3	173.0	99.292	3.77110	00:00:00	702.4	99.904
[+] 032	174.0	173.5	99.685	3.76921	00:00:00	701.2	100.243
[+] 033	174.4	173.1	99.247	3.77001	00:00:00	702.7	99.796
[+] 034	174.1	173.1	99.435	3.76827	00:00:00	701.6	100.019
[+] 035	174.1	173.4	99.607	3.76698	00:00:00	701.8	100.180
[+] 036	174.5	172.9	99.084	3.76586	00:00:00	703.0	99.675
[+] 037	173.9	172.1	98.986	3.76564	00:00:00	701.1	99.570

图 31-17　数据列显示选项的软件操作过程

31.5.1　化成性能分析

（1）化成测试：在25℃的环境下，截止电流为0.021mA时，以0.1C倍率的电流恒流恒压充电至4.35V，搁置30min后，再以0.1C倍率的电流恒流放电至2.75V，到结束为止。将数据绘制成图，如图31-18所示。

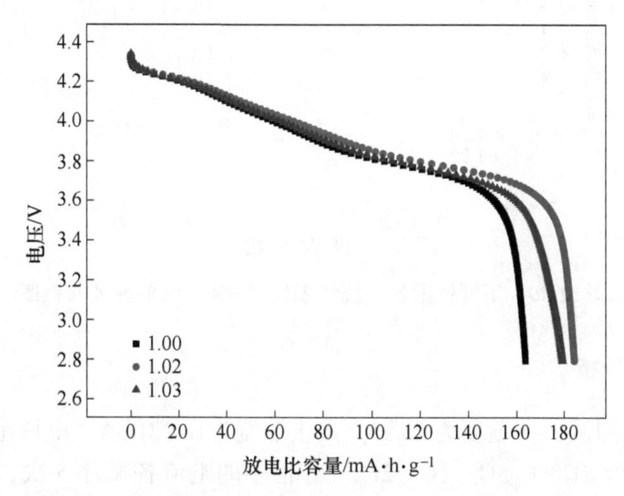

图31-18　不同锂配比、烧结温度为800℃时的放电曲线图

（2）化成曲线分析。图31-18是锂配比分别为1.00、1.02、1.03，烧结温度为800℃时 $LiNi_{0.8}Co_{0.1}Mn_{0.1}O_2$ 正极材料的放电曲线图。从图31-18中可以看出，锂配比为1.02时首次放电比容量最高，为185.614mA·h/g，其首次库仑效率为77.088%；锂配比为1.00时首次放电比容量最低，为164.892mA·h/g，其首次库仑效率为76.747%。材料的放电电压平台在3.6~3.7V之间。在充放电过程中电池的首次库仑效率相对较低，说明在充放电过程中该正极材料的可逆容量损失较为严重，导致材料的电性能不是太好。

31.5.2　循环性能分析

（1）循环性能测试：在温度为25℃，截止电流为0.021mA，电压范围为2.75~4.35V的条件下，用已经化成好的电池，以0.2C倍率的电流循环70次至结束为止。其循环性能曲线图如图31-19所示。

（2）循环曲线分析。从图31-19中可以看出在70次循环后，3个电池的放电比容量都有所下降。锂配比为1.02的材料首次放电比容量最高，为169.152mA·h/g，70次循环后容量保持率为76.76%；锂配比为1.03的材料其循环性能最差，首次放电比容量为167.5mA·h/g，70次循环后容量保持率为74.39%。虽然锂配比为1.00的材料首次放电比容量最低，为135.759mA·h/g，但其循环性能最好，70次循环后容量保持率为93.08%。其比容量较低主要是因为在高温烧结过程中Li盐挥发，形成缺锂化合物，阻碍 Li^+ 的脱嵌，造成其放电比容量较低。3种材料的循环性能都不是很好，容量衰减较快，可能是因为不适当的烧结制度、电池的组装、浆料球磨过程中导电剂与正极料混合不是很均匀及涂布时的不均匀性等问题所导致 Li^+ 迁移率较低，使电池循环性能变差。

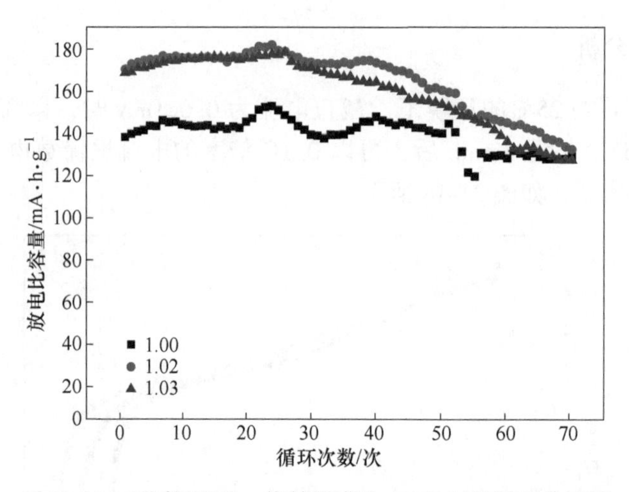

图 31-19 不同锂配比、烧结温度为 800℃时的循环曲线图

31.5.3 倍率性能分析

（1）倍率性能测试：在温度为 25℃，截止电流为 0.021mA，电压范围为 2.75~4.35V 的条件下，分别以 0.2C、0.5C、1C、2C、5C 倍率的电流各循环 5 次，最后再以 0.2C 倍率的电流循环 5 次至结束为止。倍率性能曲线图如图 31-20 所示。

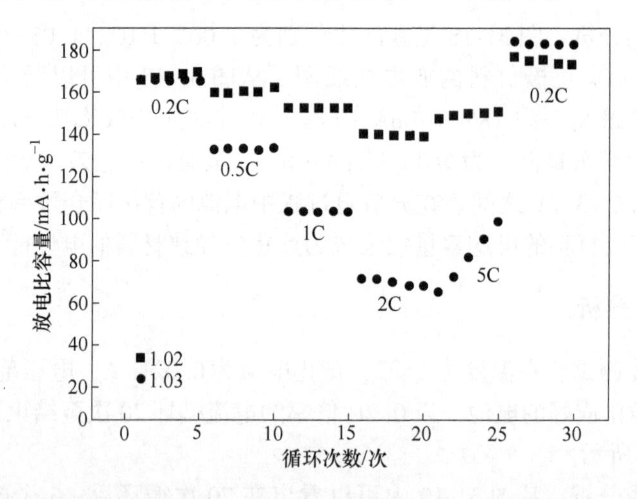

图 31-20 锂配比为 1.02 和 1.03、烧结温度为 800℃时的倍率循环曲线图

（2）倍率曲线分析。图 31-20 是 $LiNi_{0.8}Co_{0.1}Mn_{0.1}O_2$ 正极材料在不同倍率下的循环曲线图。在 0.2C 倍率的电流下其首次放电比容量分别为 164.461mA · h/g 和 164.564mA · h/g，循环 5 次后，其容量保持率分别为 102.37%和 99.68%，以 5C 倍率的电流循环完第 25 次后，其容量保持率分别为 90.65%和 58.01%，最后恢复 0.2C 倍率的电流循环至结束后，电池的容量恢复率分别为 105.04%和 110.58%，综合说明锂配比为 1.02 的倍率性能更好。

31.5.4 循环伏安分析

循环伏安（CV）曲线分析。其测试电压范围设置为 2.5~4.6V，扫描次数为 4 次，扫描速率为 0.1mV/s。处理数据得出图 31-21。

图 31-21 中出现了两对明显的氧化还原峰。在第一圈的 4.355V 和 4.596V 出现了脱锂过程的氧化峰；在 3.67V 和 4.179V 出现了嵌锂过程的还原峰；随后的 CV 曲线氧化峰基本固定在 3.781V 和 4.29V，还原峰固定在 3.668V 和 4.175V。第一圈的 CV 曲线较后面的有很大差别，其氧化还原峰的偏离是因为 SEI 膜的形成以及材料内部一些不可逆相变或相转移引起的。后面 3 圈的氧化还原峰对称性较好，其所对应的最小电压差为 0.113V，说明合成的 $LiNi_{0.8}Co_{0.1}Mn_{0.1}O_2$ 正极材料的循环可逆性较好，电极极化程也较小。

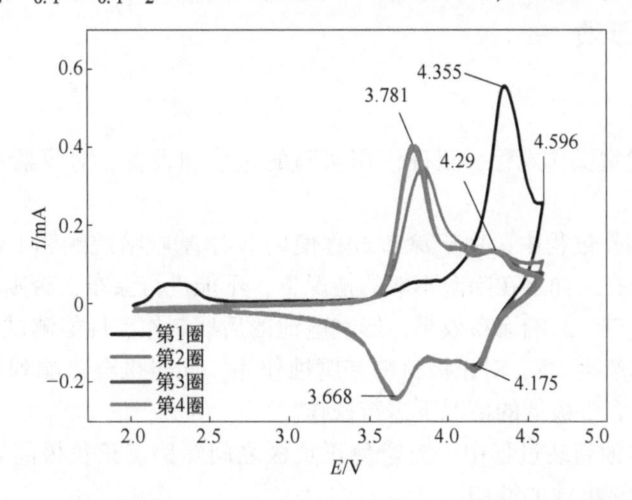

图 31-21 锂配比为 1.03、烧结温度为 800℃时的倍率循环曲线图

31.5.5 交流阻抗性能分析

交流阻抗（EIS）曲线分析。EIS 测试频率范围为 0.01～100kHz，交流电压的振幅为 5mV。将电池先以 0.1C 在 2.75～4.35V 电压范围内进行化成，再以 0.5C 倍率循环 50 次，结束后移至电化学工作站进行 EIS 测试。数据处理如图 31-22 所示。

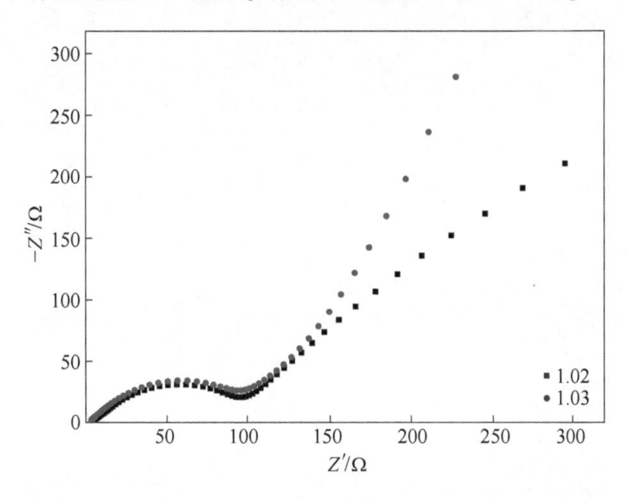

图 31-22 不同锂配比、烧结温度为 800℃时的 EIS 曲线图

图 31-22 是锂配比分别为 1.02 和 1.03、烧结温度为 800℃时的 EIS 曲线图。通常 EIS

图谱都是由三部分组成，分别是代表界面阻抗（R_{sf}）的第一个半圆弧，表示电荷传递阻抗（R_{ct}）的第二个半圆弧及代表 Li^+扩散阻抗的直线。从图 31-22 中的 EIS 曲线可以看出，两条 EIS 曲线都具有高频区半圆弧和低频区直线。高频区是 Li^+通过 SEI 膜的区域，其圆弧的半径越小越好，说明材料有较小的阻抗。低频区的直线则是越陡越好，代表 Li^+扩散越快。两条曲线的高频区半圆弧的半径几乎相同，说明其界面阻抗相差不大。低频区的直线是锂配比为 1.03 的较陡，说明其 Li^+扩散较快，电池的电性能较好。

31.6 实验注意事项

实验注意事项：

（1）遵守实验室操作规程，正确使用实验的仪器和设备，对仪器设备有损坏应及时报告实验指导老师。

（2）在电池制作过程中，由于涂布过程使用 N-甲基吡咯烷酮和 PVDF 作黏结剂，对环境水分要求比较高，如果在除湿不够的情况下，不能进行涂布，否则将导致料浆变成果冻状，黏附涂布刀口，影响涂布效果，影响电池的后期制作和性能测试。另外，由于电解液遇到水分会分解产生 HF，对正极材料有腐蚀作用，同时也会影响到电池电性能，因此必须在无水或水分含量极低的情况下进行操作。

（3）在扣式电池组装过程中，应避免正负极之间短路。正负极间短路会导致制作电池的失败，无法测试电池的性能。

31.7 思考题

（1）导致锂离子正极材料 $LiNi_{0.8}Co_{0.1}Mn_{0.1}O_2$ 容量衰减的因素有哪些？

（2）简述扣式锂离子电池制作的步骤。

实验 32　电解抛光法制样

32.1　实验目的

（1）了解电解抛光的基本原理及其影响因素。

（2）掌握不锈钢电解抛光的一般工艺，初步学会操作。

32.2　实验原理

电解抛光是近几十年发展起来的表面处理技术，目的是为了改善金属表面的微观几何形状，降低金属表面的粗糙度，该技术的发展可追溯至 1911 年莫斯科大学什彼达尔斯基获得的“使金属和金属电镀层表面具有抛光光泽的方法”专利。此后，法国人 P. A. Jacquet 在铜和镍方面进行了系统研究，并将其推广到工业应用中。它利用在电解过程中金属表面凸出部分的溶解速率大于凹入部分的溶解速率这一特点，对微观粗糙的金属材料表面进行处理，以使其光亮与平整的加工工艺，表面平滑、光亮的金属材料不仅美观，而且具有较强的防腐蚀性能。

目前，电解抛光是一种常用的电解加工方法，与一般的光亮浸蚀和机械抛光相比，电解抛光具有速度快、质量好、抛光液使用寿命长、不受工件形状影响等优点。电解抛光技术已在金属精加工、金相样品制备及那些需要控制表面质量与光洁度的领域取得了极其广泛的应用，并应用于化工、轻工、机械制造、强激光系统、食品加工设备、装饰行业、生物医学等领域。

电解抛光时，样品作为阳极，阴极选择不溶性金属，在两极之间加上电压后，逐渐增大电压水平可以得到电解抛光的电压-电流特性曲线，称为 Jacquet 曲线，如图 32-1 所示。这条曲线分为三段：在 AB 段，电压增大，电流随之增大，样品发生腐蚀；在 BC 段，阳极的溶解速度高于电极界面附近离子的扩散速度，于是各种各样形式的金属离子逐渐积聚在阳极金属表面附近，在金属表面和电解液之间形成一层黏稠的液体膜——扩散层，人们把这种状态的扩散层叫做 Jacquet 层，液体的黏度越大，就越容易形成。在此扩散层中，由于浓度梯度的作用使金属离子向电解液中的扩散速度变成稳速，即出现随电压升高，电流不再随之增加的临界电流密度，此阶段发生稳定的抛光。Jacquet 层的厚度一般为几十微米左右，因而对于表面粗糙程度与此厚度值相当的粗糙表面，可以产生选择性溶解，使之平滑化，也即起到宏观抛光的效果。Jacquet 层的形成与电解液成分等因素密切相关。在 CD 段，电流又随着电压的增大而增大，发生不均匀抛光。由此可见，在曲线的不同阶段，阳极金属的溶解特性会发生不同的变化。要获得理想的抛光效果，应选择 BC 段的电压电流来进行抛光。

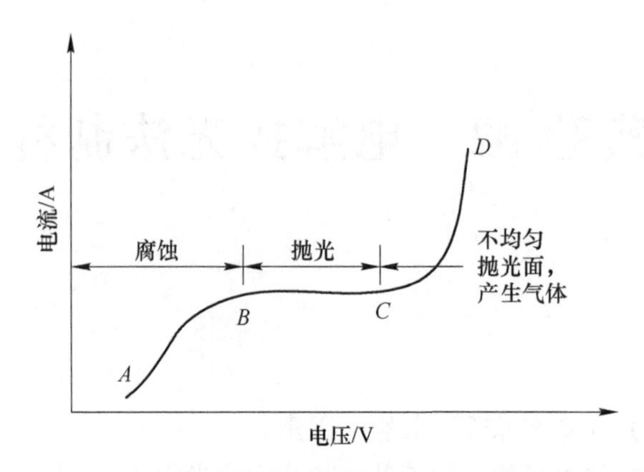

图 32-1 电解抛光的电压电流特性曲线

本实验以制取不锈钢高精度电镜分析的试样的过程为例，说明电解抛光的原理和实验过程。工件不锈钢作阳极，不溶性金属板（铅板、表面镀铂的金属电极等）作阴极。抛光液选用的组成有：50%（体积分数）浓磷酸+35%（体积分数）浓硫酸+15%铬酸（体积分数）、65%（体积分数）浓硫酸+30%（体积分数）浓磷酸+5%（体积分数）复合添加剂（40mL/L 明胶+7mL/L 甘油+953mL/L 异丙醇）。下述以含有铬酸的电解抛光液说明电解过程中的主要电极反应：

阳极：

$$Fe - 2e \longrightarrow Fe^{2+}$$

阴极：

$$Cr_2O_7^{2-} + 14H^+ + 6e \longrightarrow 2Cr^{3+} + 7H_2O$$

$$2H^+ + 2e \longrightarrow H_2 \uparrow$$

一般情况下，在阳极区域还会同时发生以下两种反应：

Fe^{2+} 的氧化：

$$6Fe^{2+} + Cr_2O_7^{2-} + 14H^+ \longrightarrow 6Fe^{3+} + 2Cr^{3+} + 7H_2O$$

盐的生成：

$$2Fe^{2+} + 3HPO_4^{2-} \longrightarrow Fe_2(HPO_4)_3$$

$$2Fe^{3+} + 3SO_4^{2-} \longrightarrow Fe_2(SO_4)_3$$

当阳极局域 $Fe_2(HPO_4)_3$、$Fe_2(SO_4)_3$等盐类的浓度增加到一定程度时，会在阳极表面形成一层黏性薄膜，阻碍 Fe^{2+}的扩散，使阳极发生极化，阳极发生反应的实际电势升高，即阳极的溶解速率减小。同时，由于在微观粗糙的工件表面上黏性薄膜的分布是不均匀的，凸起部分的膜较薄，其极化电势较小，铁的溶解反应速率也较凹入部分大，于是粗糙的阳极表面逐渐被整平。

实际应用中，影响电解抛光的因素主要有抛光液的种类、电解抛光液中各组成的配比、阴阳极面积比与极间距、电流密度、槽液温度、电解抛光时间等。另外，工件的预处理及后处理过程对样品的抛光效果也有着重要的影响。

32.3 实验主要仪器与试剂材料

仪器：恒流稳压电源，水浴加热锅，水银温度计，搅拌器，超声清洗仪，烘箱，烧杯，导线，金相砂纸，洗瓶。

材料：浓硫酸（质量分数为 98%，工业级），浓磷酸（质量浓度为 85%，工业级），复合添加剂（40mL/L 明胶+7mL/L 甘油+953mL/L 异丙醇），酸洗液（体积分数为 20%的工业硫酸），高纯钛，铅板，镀铂电极，不锈钢片，去离子水，NaOH，Na_2CO_3，Na_3PO_4，Na_2SiO_3。

32.4　实验步骤

实验步骤为：

（1）除油液、抛光液、后处理浸泡液配方（由实验室工作人员配制）。

1）电化学除油液：30g/dm^3 NaOH + 30g/dm^3 Na_2CO_3 + 30g/dm^3 $Na_3PO_4 \cdot 10H_2O$ + 4g/dm^3 $Na_2SiO_3 \cdot 9H_2O$。

2）抛光液：

A：50%（体积分数）浓磷酸+35%（体积分数）浓硫酸+15%（体积分数）铬酸；

B：65%（体积分数）浓硫酸+30%（体积分数）浓磷酸+5%（体积分数）复合添加剂。

3）后处理浸泡液：3%Na_2CO_3，酸洗液。

（2）预处理。用棕刚玉砂纸打磨不锈钢片正反两面，将表面毛刺和氧化皮除去，再改用金相砂纸继续打磨至轻度划痕消去，冲洗干净，挂在电极挂钩上；然后放入经预加热、温度为 70℃的除油液中进行电化学除油。要求待加工钢片为阳极，铅板为阴极，并调节电极挂钩控制两极板平行且间距为 1～2cm，通过调节恒流稳压电源使阳极电流密度为 3A/dm^2，时间为 3min，除油后趁热用去离子水将钢片冲洗干净，并迅速放入电解抛光液中进行抛光，以免钢片表面再次被氧化。

（3）电解抛光。按图 32-2 装好各仪器，将经预处理的钢片作阳极，铅板作阴极，置于温度为 70～80℃电解抛光液中，要求控制极板间距为 1～2cm，阳极电流密度为 10～11A/dm^2，时间为 30min 左右。

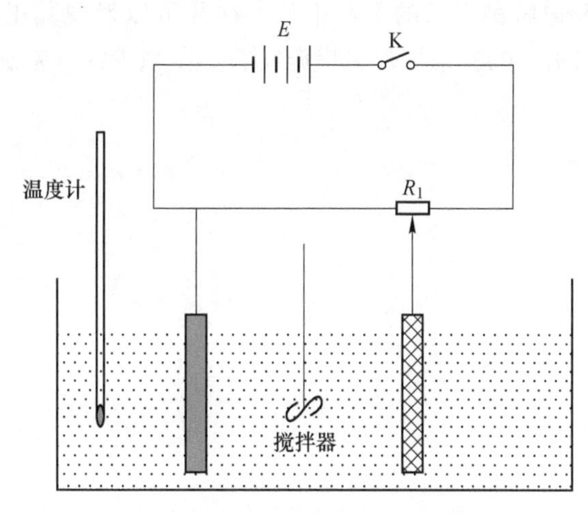

图 32-2　电解抛光实验装置原理图

（4）后处理。将抛光好的钢片用去离子水冲洗干净，放入 3%Na_2CO_3溶液浸泡 5min，然后再冲洗、擦干，交实验指导老师评定质量等级。

（5）测评抛光质量。有条件的情况下可采用电动轮廓仪检测表面粗糙度。一般可由老师直接根据表面光洁程度评出等级。

(6) 更换电解液和电极板，重复步骤 (2)~(5)。

(7) 断开电路，采用去离子水清洗对电极的电极板、搅拌器和温度计，集中处理电解抛光液。

32.5 注意事项

在使用含铬的 A 类电解液时，注意以下两点：

(1) 应先将 CrO_3溶于适量去离子水中，再将 H_3PO_4、H_2SO_4依次加入，然后加去离子水至所需体积。

(2) 集中处理抛光后含有的 Cr(Ⅵ)、Cr(Ⅲ) 液体。

32.6 数据记录及处理

记录电解抛光工艺过程中的相关参数：阴阳极板以及电极板之间的距离，电解液的种类，电解槽的温度、电压以及对应的电流密度、电解时间等。

32.7 思考题

(1) 实验中分别采用两种不同的电解液进行抛光，其最佳的抛光电压范围有何不同？形成差异的主要原因是什么？

(2) 电解板之间的距离对电解抛光有何影响，为什么？

(3) 不锈钢的抛光为何不采用强酸直接进行或者采用强酸作为电解抛光液？

(4) 观察经本实验电解抛光后的不锈钢片，往往可以发现其正反两面的光洁度有一定差别，这是什么原因引起的？采取什么措施能够尽量减少这一差别？

实验 33　钢铁热碱氧化发蓝处理

33.1　实验目的

（1）了解钢铁发蓝处理的原理和方法。

（2）掌握零件表面化学除锈和除油工艺。

33.2　实验原理

发蓝工艺是一种材料保护技术，其实质是使钢铁表面通过化学反应，生成一种均匀致密、有一定厚度、附着力强、耐蚀性能好的蓝黑色氧化膜，起到美化和保护工件的作用，广泛用于机械零部件和钢带的表面处理，该工艺又称发黑。根据其原理和工艺流程的不同，一般分为热碱发蓝、常温发蓝、石墨流态床发蓝、电阻加热发蓝、铅浴加热发蓝、电磁感应加热发蓝、含氧蒸汽发蓝等 7 种工艺。钢铁热碱氧化工艺成本低，外观蓝黑发亮，耐蚀性较好，具有无碱氧化、常温氧化无可比拟的优点。本实验采用热碱发蓝工艺进行实验探索。

将钢铁零件放入含 NaOH 和 $NaNO_2$ 等药品的浓溶液中，在一定温度范围内使零件表生成一层很薄（0.5~1.51m）的蓝黑色氧化膜的过程叫发蓝（发黑）处理。这层氧化膜组织致密，能牢固地与金属表面结合，而且色泽美观，有较大的弹性和润滑性，能防止金属锈蚀。因此，在机械工业中得到广泛应用。

氧化膜（磁性 Fe_3O_4）的生成原理，可用反应方程式表示如下：

$$3Fe + NaNO_2 + 5NaOH = 3Na_2FeO_2 + NH_3 + H_2O$$

$$6Na_2FeO_2 + NaNO_2 + 5H_2O = 3Na_2Fe_2O_4 + NH_3 + 7NaOH$$

$$Na_2FeO_2 + Na_2Fe_2O_2 + 2H_2O = Fe_3O_4 + 4NaOH$$

在此过程中，发生副反应生成氧化亚铁和三氧化二铁水合物。

$$Na_2FeO_2 + H_2O \rightleftharpoons FeO \cdot H_2O + 2NaOH$$

$$Na_2Fe_2O_4 + 2H_2O \rightleftharpoons Fe_2O_3 \cdot H_2O + 2NaOH$$

33.3　实验主要仪器及试剂材料

实验仪器：发蓝槽，恒流稳压电源，电热板，温度计，烧杯，酒精灯。

材料：NaOH，$NaNO_2$，$K_4[Fe(CN)_6]$，$K_2Cr_2O_7$，Na_2CO_3，Na_2SiO_3，凡士林，HCl，肥皂，机油（10 号），$CuSO_4$，H_2SO_4，0.1%酚酞酒精溶液，HCHO（甲醛），滤纸。

33.4　实验步骤

（1）发蓝液的配制。按照实验所需浓度配置发蓝液，其中，NaOH 的浓度为 500～800g/L，$NaNO_2$ 的浓度为 150～250g/L，实验中选用一定量的 $K_4[Fe(CN)_6]$ 作为发蓝液的添加剂。先将 NaOH 放入发蓝槽，加少量水，并加热至 100℃左右，溶解后再放入适量水，再加入 $NaNO_2$ 和 $K_4[Fe(CN)_6]$ 补充水至所需要的量，然后加热至溶液沸腾（约 140℃左右）待用。新配制的溶液为乳白色，使用后颜色会加深。

（2）发蓝前零件表面的预处理。发蓝件表面必须光洁，不得有油脂，金属氧化物或其他污物，以免在发蓝中生成不均匀、不连续的氧化膜，甚至不生成氧化膜，因此，发蓝前零件表面必须彻底清理，清理包括机械清理、除油和酸洗除锈。

1）机械清理：零件表面锈迹多时，可用细砂纸仔细擦拭，直至表面光洁。

2）除油：把工件放入由氢氧化钠、碳酸钠和硅酸钠组成的除油液中 20min 左右，然后拿出用流动清水冲洗，以除净残留液。

3）酸洗除锈：零件放入 15%～30%的 HCl 溶液里（含 0.5%～1%的甲醛缓蚀剂），浸泡 5～30min，取出在流动清水中洗净残酸。

（3）氧化发蓝处理。把预处理好的零件立即放进温度 140℃左右的发蓝液里，之后会发现反应缓慢发生，随着温度的升高，反应剧烈进行，当温度升至 145℃以上时，零件表面就形成了黑色的氧化膜。为了增加膜的厚度，氧化时间不应少于 30min 在氧化过程中要经常活动零件，以使氧化膜均匀，如果 20min 后工件仍不变色或颜色呈不连续状，说明油污未除净，需拿出重新预处理，或调整发蓝液成分。

（4）发蓝后的处理。

1）冲洗。工件从发蓝液中拿出后，应立即在流动清水里冲洗，把残留的碱性发蓝液冲净。是否冲净可用 0.1%酚酞酒精溶液的滤纸贴在工件表面上观察，如不显红色，说明残液已经冲净；若出现红色，需重新冲洗，必要时需用热水冲洗。

2）皂化。把冲净的工件放在浓度为 20%～30%的肥皂液里进行皂化处理，提高氧化膜的抗蚀性，皂化温度控制在 80～90℃，时间为 2～4min；或者用浓度为 3%～5%的 $K_2Cr_2O_7$溶液进行钝化处理，温度在 90～95℃，时间约 30min 工件皂化或钝化处理后，需立即在沸水中清洗并去掉残液，然后晾干或烘干。

3）浸油。为了提高膜的抗蚀力，填充孔隙，增强美观度，干燥后的工件应再浸入热油中以形成一层薄油膜。为了提高浸油效果，通常在油中加入 5%的凡士林。浸油温度以油沸为好，时间为 3～5min。

（5）氧化膜的质量检查。质量检查包括氧化膜的外观色泽、致密性、抗蚀性和耐磨性，以及清洗质量。如，氧化膜的色泽：根据工件材料成分不同，可以是深蓝色、蓝黑色或棕黑色。氧化膜致密性：浸入浓度为 3%的中性 $CuSO_4$溶液中 1min，以工件表面上不出现铜色斑点为合格。氧化膜抗蚀性：把未皂化浸油的工件浸入浓度约为 0.2%的 H_2SO_4溶液中 2min 后，用水清洗，零件表面以保持颜色不变则为合格。

33.5　数据记录及处理

记录钢铁发蓝工艺过程中发蓝液组成、处理温度和时间与对应的产品质量。

33.6　思考题

(1) 发蓝处理过程中，若出现膜层疏松无光、附着力差的原因是什么？
(2) 如何减少发蓝工艺过程中的红色挂霜？
(3) 分析钢铁发蓝的基本原理，以及金属电镀和发蓝处理的异同。

实验 34　铝阳极的电解着色

34.1　实验目的

（1）了解铝阳极氧化膜的形成过程及其作用。

（2）理解铝阳极氧化与着色的原理。

（3）了解电解着色与有机着色的工艺过程及优缺点。

34.2　实验原理

阳极氧化可显著改善铝合金的耐蚀性能，提高铝合金的表面硬度和耐磨性，经过适当的着色处理后具有良好的装饰性能。以铝或铝合金制品为阳极，置于电解质溶液中，利用电解作用使其表面形成氧化铝薄膜的过程，称为阳极氧化处理。在大气中，铝及其合金的表面会自然形成一层厚度为 40Å~50Å 的薄氧化膜。这层氧化膜虽然能使金属稍微有些钝化，但由于它太薄，空隙率太大，机械强度低，所以不能有效地防止金属腐蚀。用电化学方法即阳极氧化处理后，可以在其表面成厚达几十到几百微米的氧化膜，且耐蚀能力很好。硫酸阳极氧化法所获得的氧化膜厚度在 5~20μm 之间，硬度较高，空隙率大，吸附性强，容易染色和封闭，而且具有操作简单、稳定、成本低等特点，故应用最广泛。

阳极氧化在工业上已得到广泛应用。归纳起来有以下几种分类方法：（1）按电流型式分有直流电阳极氧化、交流电阳极氧化、脉冲电流阳极氧化（可缩短达到要求厚度的生产时间，膜层既厚又均匀致密，且显著提高抗蚀性）。（2）按电解液分有硫酸、草酸、铬酸、混合酸和以磺基有机酸为主溶液的自然着色阳极氧化。（3）按膜层性质分有普通膜、硬质膜（厚膜）、瓷质膜、光亮修饰层、半导体作用的阻挡层等阳极氧化。

直流电硫酸阳极氧化法的应用最为普遍，这是因为它具有适用于铝及大部分铝合金的阳极氧化处理；膜层较厚，硬且耐磨，封孔后可获得更好的抗蚀性；膜层无色透明，吸附能力强，极易着色；处理电压较低，耗电少；处理过程不必改变电压周期，有利于连续生产和实践操作自动化；硫酸对人身的危害较铬酸小，货源广，价格低等优点。

铝阳极氧化的原理实质上就是水电解的原理。当电流通过时，将发生如下反应：

阴极上：　$2H^+ + 2e \longrightarrow H_2$

阳极上：　$4OH^- - 4e \longrightarrow 2H_2O + O_2$

$2Al + 3O_2 \longrightarrow Al_2O_3$

阳极上析出的氧不仅是分子态的氧，还包括原子氧以及离子氧，通常在反应中以分子氧表示。作为阳极的铝被其上析出的氧所氧化，形成无水的 Al_2O_3膜。应指出，生成的氧并不是全部与铝作用，一部分以气态的形式析出。H_2SO_4还可以与 Al 和 Al_2O_3发生如下

反应

$$2Al + 3H_2SO_4 \longrightarrow Al_2(SO_4)_3 + 3H_2\uparrow$$

$$Al_2O_3 + H_2SO_4 \longrightarrow Al_2(SO_4)_3 + 3H_2O$$

阳极氧化膜由两层组成，多孔的厚的外层是在具有介电性质的致密的内层上生长的，后者称为阻挡层（亦称活性层）。阻挡层是由无水的 Al_2O_3 所组成，薄而致密，具有较高的硬度和阻止电流通过的作用。氧化膜多孔的外层主要是非晶型的 Al_2O_3 和少量的 γ-$Al_2O_3 \cdot H_2O$ 以及含有电解液的阴离子。氧化膜的绝大部分优良特性（如抗蚀、耐磨、吸附、绝缘等）都是由多孔外层的厚度及孔隙率所决定的。然而这两者却与阳极氧化条件密切相关，因此可通过改变阳极化条件来获得满足不同使用要求的膜层。

膜厚是阳极氧化制品一个很主要的性能指标，其值的大小直接影响着膜层耐蚀、耐磨、绝缘及化学着色能力。在常规的阳极氧化过程中，膜层随着时间的增加而增厚。在达到最大厚度之后，则随着处理时间的延长而逐渐变薄，有些合金如 Al-Mg、Al-Mg-Zn 合金表现得特别明显。因此，氧化的时间一般控制在达最大膜厚时间之内。阳极氧化膜具有特殊的性能，如较高硬度和耐磨性、极强的附着能力、较强的吸附能力、良好的抗蚀性和电绝缘性及很高的热绝缘性，这些性能使其获得了广泛的应用。

铝阳极氧化膜的生成是在“生长”和“溶解”这对矛盾中发生和发展的。通电后的最初数秒中首先生成无孔的致密层（称无孔层或阻挡层），它虽只有 0.01～0.015μm，可是具有很高的绝缘性。硫酸对膜产生腐蚀溶解，由于溶解的不均匀性，薄的地方（孔穴）电阻小，离子可以通过反应继续进行氧化膜生长，又伴随着氧化膜溶解。循环往复，控制一定的工艺条件特别是硫酸温度和浓度可使膜的生长占主导地位。

必须注意，氧化膜的生成和生长过程是由于氧离子穿过无孔层与铝离子结合成氧化膜的，与电镀过程恰恰相反，电极反应是在氧化膜与金属铝的交界处进行，膜向内侧面生长。

铝阳极氧化膜的生长和溶解规律可用其电压-时间曲线来说明，如图 34-1 所示。

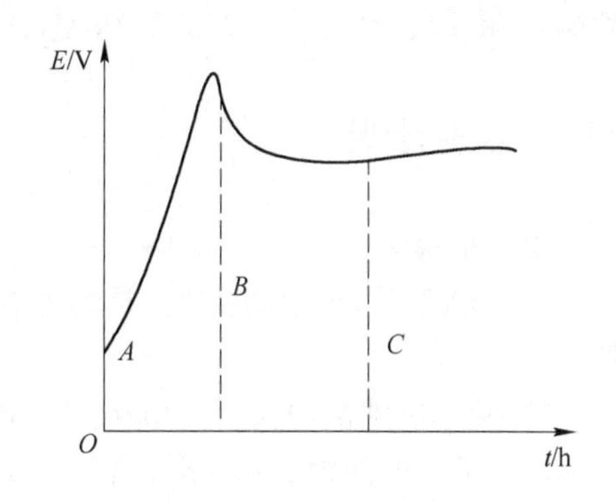

图 34-1　电压—时间曲线

图 34-1 中，*A* 区：在最初十多秒钟内曲线直线上升，电压急剧增高，说明生成的无孔层电阻增大，这时成膜占主导，阻碍了反应继续进行。当外电压高时，氧能穿过薄的地方继续反应。故无孔层的厚度取决于电压，即电压高时，无孔层相应增厚，反之亦然。

B 区：阳极电位达到最高值后开始下降，说明无孔层达到极限，一定电压下，由于硫酸腐蚀造成孔穴，电阻下降，电压下降。

C 区：一段时间后，电压稳定，这时膜在不断增厚（多孔层），无孔层则生长和溶解达到动态平衡，溶解和生长在孔穴底部进行，时间延长孔穴变成孔隙，逐渐形成一定厚度的氧化膜。

硫酸氧化膜多空隙，有很强的化学活性，利用这一点，在铝阳极氧化膜上进行着色，达到耐腐蚀和装饰的双重效果。铝及其合金阳极氧化膜着色技术可分为 3 种：化学染色、电解着色及电解整体着色。

化学染色是利用氧化膜层的多孔性与化学活性吸附各种色素而使氧化膜着色，根据着色机理和工艺可分为有机染料着色、无机染料着色、电解着色、色浆印色、套色染色和消色染色等。其中，无机着色研究得不多。有机染色是将氧化制品放入有机染色槽中，利用氧化膜的化学和物理吸附作用，将染色分子吸附于氧化膜微孔中而成色。有机染色色种很多，艳丽是其特点，但耐蚀、射磨、耐光性差，只适用于室内装饰和五金制品的装饰。

电解着色是将氧化制品浸入含有金属盐的水溶液中，通入低压交流电，因氧化膜的阻挡层具有整流作用，金属离子在铝阴极的阻挡层上还原成金属胶态粒子，由于金属盐种类不同或由于金属沉积量不同、胶态粒子大小和粒度分布不同，对光波产生选择性吸收和散射作用而显示出不同的颜色。电解着色膜耐晒、耐热、耐光、耐磨性好、耐蚀性高，广泛用于建筑铝材、交通车辆等室内防护装饰。

铝阳极氧化膜无论着色与否、用于何种场合，都必须进行封孔处理，以达到防蚀、抗污等目的。常用的封孔方法有沸水法和常温法两类。沸水法是将铝制品浸入纯水中煮沸约30min，氧化膜与水反应生成 $Al_2O_3 \cdot H_2O$，因体积膨胀而将孔封闭。当水温低于 30℃时，可能生成 $Al_2O_3 \cdot 3H_2O$，这是不稳定的、具可塑性的水化物，这种水化物耐蚀性差，所以沸水法一定要在 95~100℃下进行。经过封闭处理后，铝制品表面变得均匀无孔，形成致密的氧化膜，不再具有吸附性，可避免吸附有害物质而被污染或早期腐蚀。

34.3 实验主要仪器与试剂材料

仪器：直流电解电源，烧杯，电热板，电流表，电压表。

实验材料：纯铝片（50mm×30mm×1mm）；不锈钢板或铅板（50mm×40mm×2mm 对电极），H_3PO_4，H_2SO_4，HCl，HNO_3，Na_3PO_4，Na_2CO_3，$Cu_{12}H_{25}OSO_3Na$（十二烷基硫酸钠），$K_4[Fe(CN)_6]$，$FeCl_3$，$PbAl_2$，$KMnO_4$，$K_2Cr_2O_7$，$Na_2S_2O_3$，$CoAc_2$。

34.4 实验步骤

实验步骤为：

（1）纯铝片经化学除油，热冷水洗，化学抛光，热冷水洗，存放于盛蒸馏水的烧杯中。

1）化学除油液的配制：40g/L Na_3PO_4+30g/L Na_2CO_3+(1~2)g $C_{12}H_{25}OSO_3Na$，温度为 60~70℃，时间为 2~4min（有气泡发生即可停止）。

2）化学抛光液的配制：37.5mL H_3PO_4+7.5mL H_2SO_4+5.0mL HNO_3，温度为 100~110℃，时间为 2~15min。

（2）按图 34-2 接好电路，将阳极氧化溶液倒入电解槽，实验过程中控制阳极电流密度不变，记录槽温和槽电压变化。挂具与试片必须接触良好，每次实验前，接触点的氧化膜须清除干净。硫酸阳极氧化溶液的配制：190~200g/L 的 H_2SO_4，阳极电流密度为 0.8~1.5A/dm²，温度为 15~25℃，时间为 10~40min。

（3）氧化后的铝片用蒸馏水冲洗干净，取着色液，将铝片分别依次浸入下述溶液中

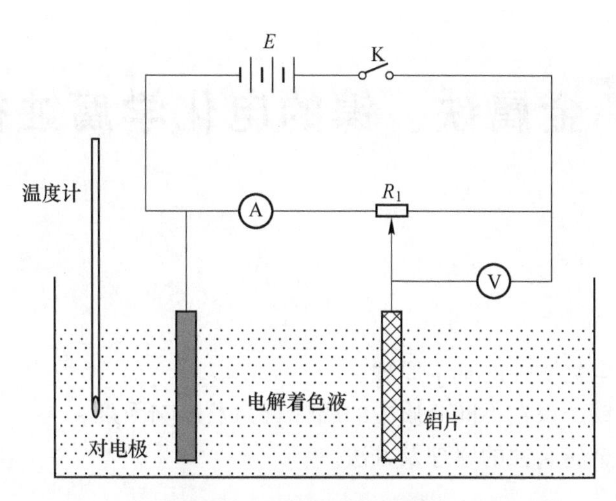

图 34-2　铝的阳极氧化装置

各 5min，进行染色（氧化后的试片不得用热水冲洗，不得用手摸）：

A：蓝色，(10 ~ 50)g/L $K_4[Fe(CN)_6]$ + (10 ~ 100)g/L $FeCl_3$。

B：黑色，(50 ~ 100)g/L $CoAc_2$ + (15 ~ 25)g/L $KMnO_4$。

C：金黄色，(10 ~ 50)g/L $Na_2S_2O_3$ + (15 ~ 25)g/L $KMnO_4$。

D：黄色，(50 ~ 100)g/L $K_2Cr_2O_7$ + (100 ~ 200)g/L $PbAl_2$。

E：古铜色，50g/L $NiSO_4 \cdot 6H_2O$ + $(NH_4)_2SO_4$ 15g/L + H_3BO_3 30g/L。

（4）完成上述着色后，绘制图案，进行第二次或多次着色。

34.5　数据记录与处理

记录实验过程中电解液各组分的浓度、电解条件以及对应的实验现象，思考实验变量对氧化膜颜色和性能的影响。

34.6　思考题

（1）简述铝阳极氧化和电化学着色基本原理。

（2）铝阳极氧化膜着色分为哪几种，有什么异同?

（3）如何测定氧化膜厚度?

（4）不同着色液进行电解着色，电解电压和电流值有何变化，与哪些因素有关?

（5）简述氧化膜的厚度、孔隙度、均匀度与电解条件之间的内在关系。

实验 35　金属铁、镍的电化学腐蚀行为探讨

35.1　实验目的

（1）了解金属电化腐蚀的基本原理。

（2）理解金属铁、镍在不同介质中的腐蚀行为及影响因素。

（3）掌握防止金属腐蚀的原理及方法。

35.2　实验原理

在与周围介质作用下，金属因发生化学反应或电化学反应而引起的破坏称为金属腐蚀。因化学反应而引起的腐蚀称为化学腐蚀；而当金属和具有导电性能的电解质溶液接触时，因发生与原电池相似的电化学反应而引起的腐蚀称为电化学腐蚀。

电化学腐蚀是金属材料尤其是一些化工机械设备中最为常见的一种类型，而且该类型腐蚀对化工机械设备能够造成非常严重的后果。电化学腐蚀可以以电池形式发生，即整块金属构成腐蚀电池的阳极，与其相联系的另一种材料（金属或碳等）构成阴极，而电化学腐蚀更普遍的形式是形成微电池，即金属材料的某一局部的主体金属构成阳极，其周围存在的杂质（另一种金属、碳或金属碳化物等）构成阴极，总之，在腐蚀电池中，总是较活泼的金属充当阳极发生氧化反应而被腐蚀；活泼性较差的金属或其他杂质充当阴极，电解质中的氧化性物质（离子或分子）在其表面获得电子发生还原反应。

影响其电化学腐蚀速度的主要因素是：金属表面状态、环境温度和化学组成（成分、浓度）。一般来说，环境温度越高，电化学反应的活化能降低，促使电化学腐蚀的发生；另外，电解质的温度升高，有利于离子或分子迁移速率的增加，从而加快了电极反应速度，即加速金属的电化学腐蚀速度。

金属铁在酸性介质中通常发生析氢腐蚀，且酸性越强腐蚀速度越快，H^+在阴极还原为 H_2 析出：

阳极（Fe）：　$Fe - 2e \longrightarrow Fe^{2+}$

阴极（杂质）：　$2H^+ + 2e \longrightarrow H_2\uparrow$

总反应：　$Fe + 2H^+ \longrightarrow Fe^{2+} + H_2\uparrow$

在弱酸性（pH 值大于等于 4）及中性介质中，主要发生的是吸氧腐蚀，金属铁反应为：

阳极（Fe）：　$2Fe - 4e \longrightarrow 2Fe^{2+}$

阴极（杂质）：　$O_2 + 2H_2O + 4e \longrightarrow 4OH^-$

总反应：　$2Fe + O_2 + 2H_2O \longrightarrow 2Fe(OH)_2$

产物 $Fe(OH)_2$ 可进一步被 O_2 氧化：

$$4Fe(OH)_2 + O_2 + 2H_2O \longrightarrow 4Fe(OH)_3$$

$$4Fe(OH)_3 \longrightarrow Fe_2O_3 \cdot xH_2O$$

金属镍具有优良的耐高温碱腐蚀性能，与不锈钢相比，其腐蚀速度要小得多。镍的氧化还原电位近似于氢，并且容易极化，因而在腐蚀过程中不会逸出氢。镍能形成钝化膜，所以对氧化性与还原性介质均具有良好的腐蚀抗力。

35.3　实验主要仪器与试剂材料

实验仪器：CHI760e 电化学工作站，水银温度计（0~100℃）。

实验材料：铁电极，镍电极（长 8mm、宽 5mm，厚 1~3mm），铂片电极，Ag/AgCl 电极，试管，量筒，金相砂纸，滴定管夹，石棉网，酒精灯，试管架，盐桥，镊子，无水乙醇，丙酮，硫酸，硝酸，氯化钾，氯化钠，NaOH。

35.4　实验步骤

实验步骤为：

（1）将镍片剪成所需大小，用金相砂纸将工作电极表面打磨、抛光，使其成镜面。将打磨好的电极用水冲洗干净后用滤纸吸干，再用乙醇、丙酮等除去工作电极表面的油。

（2）配置 1mol/L NaCl 溶液（pH 值为 7.2），1mol/L NaCl+ H_2SO_4 溶液（pH 值为 0.2）与 1mol/L NaCl+ NaOH 溶液（pH 值为 13.8）。

（3）依次打开电化学工作站、计算机、显示器等电源，预热 30min 后启动 CHI 软件。

（4）为研究不同溶液中纯镍表面的化学稳定性与浸泡时间的关系，实验采用以镍电极作为研究电极，铂片电极作为辅助电极，Ag/AgCl 电极作为辅助电极，测试开路电压与时间的关系。打开 CHI760E 电化学工作站的测试软件：1）在 Setup 菜单中点击“Technique”选项，在弹出菜单中选择“Open circuit potential-Time”测试方法，然后点击“OK”按钮；2）在 Setup 菜单中点击“Parameters”，选择测试的电压范围为−1.0~1.0V，并选定对应“Run time”和“Sample Interval”的参数。选项在 Control 菜单中点击“Open circuit potential-Time”选项，总测量时间为 48h。开路电压与时间测试软件操作如图 35-1 所示。

（5）为研究镍电极在不同浸泡时间下，纯镍表面的动态腐蚀过程，用以表征纯镍基体界面钝化膜的信息变化情况，实验在开路电压稳定后，进行极化，得到 Tafel。

1）执行“Control”菜单中的“Open Circuit Potential”命令，获得起始电位（见图 35-2）。

2）选择菜单中的“T”（Technique）实验技术进入，选择菜单中的“TAFEL-Tafel Plot”，点击“OK”退出。

3）选择菜单中的“Control”（控制）进入，选择菜单中的 Open Circuit Potential 得出给定的开路电压退出。

4）选择菜单中的 Parameters（实验参数）进入实验参数设置。Init E（V）（初始电

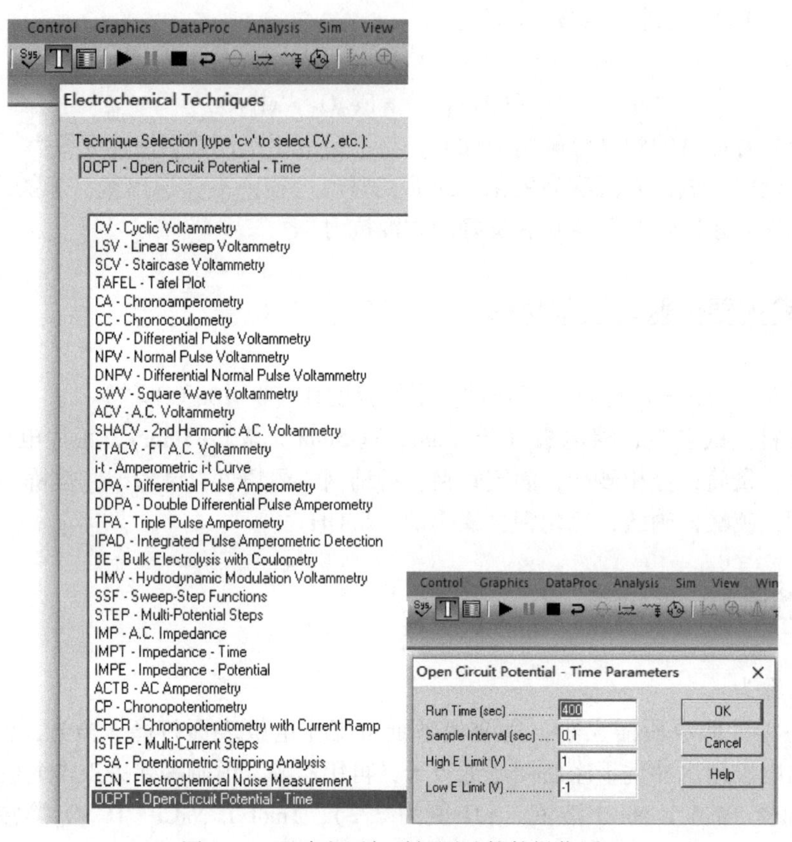

图 35-1 开路电压与时间测试软件操作图

位）和 Final E(V) 终止电位，应根据给定的开路电压 ±(0.25~0.5)V 来确定。Scan Rate（V/s）扫描速度为 0.0005~0.001。其余的参数可选择自动设置。

5）选择菜单中的“▶”Run 开始扫描。

6）扫描结束，选择菜单中的 Graphics（图形）进入，选择 Graph Option 进入，在 Data 选择 Current（电流）进入图形，取 $\Delta\varphi$ 和对应的 ΔI，$\Delta\varphi/\Delta I=R_p$，计算出极化电阻。

7）进入 Analysis（分析），选择菜单中 Special Analysis（特殊分析）进入，点击 Calculate（计算）得出阴极 Tafel 斜率、阳极 Tafel 斜率和腐蚀电流。

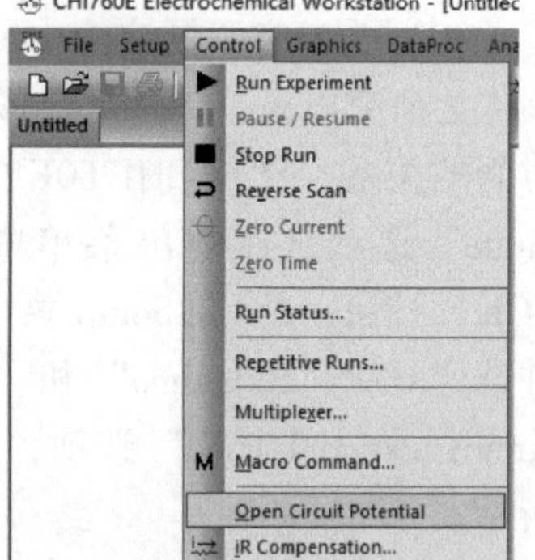

图 35-2 起始电位测试图

（6）在电化学工作站上测定镍电极的交流阻抗谱。

1）在“Setup”菜单中执行“Technique”命令，在显示的对话框中选择“A. C. Impedance”进入参数设置界面（如未出现参数设置界面，再执行“Setup”菜单中的“Paraments”命令进入参数设置界面）实验条件设置如下：Init E（电位），步骤（3）测得的起始电位；High Frequency（高频率），10^5 Hz；Low Frequency（低频率），0.1Hz；Amplitude（所加正弦波信号的幅度），0.005V；Quiet Time(s)，2s；其他为默认值，然后“OK”退出（见图 35-3）。

2）执行“Control”菜单中的“Run Experiment”命令，开始交流阻抗实验（见图 35-4）。

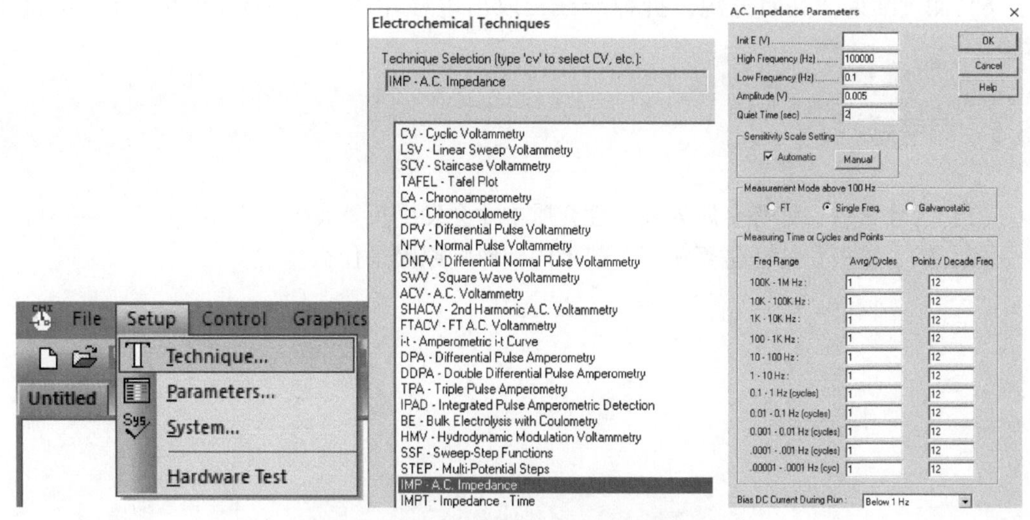

图 35-3　交流阻抗测试过程及参数设置图

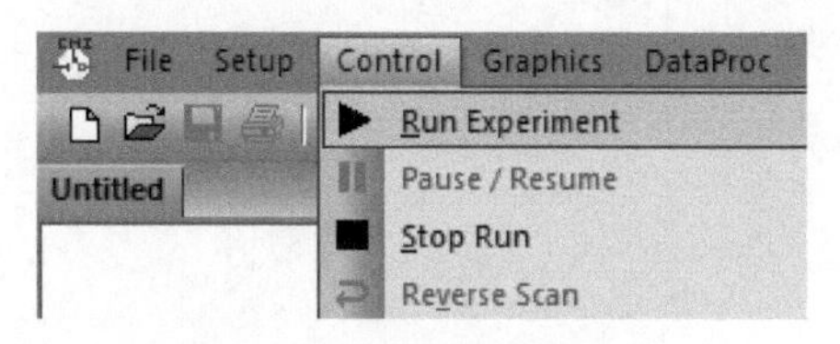

图 35-4　测试运行操作图

3）完成后，将测出的数据保存为目标格式。

4）取镍电极进行钝化，在稳定钝化区终止实验，获得钝化膜，重复 1)～3）步骤，比较钝化前后镍电极反应电阻的变化。

5）如图 35-5 所示，打开“Graphics”，选择“Add Date to Overlay”对实验结果进行叠加并分析。

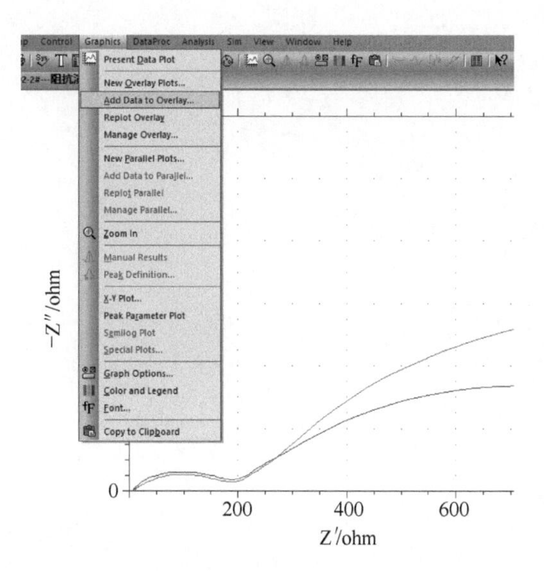

图 35-5　实验结果分析

6）测量结束，关闭电源，拆掉导线，取出电极用蒸馏水冲洗干净备用，冲洗电解池。

35.5 思考题

（1）为什么铁、锌等金属要在酸性介质中才会发生析氢腐蚀？

（2）铁、镍极化特征是否相同，若不同，影响原因是什么？

实验 36　不同喷丸时间对硬质合金耐腐蚀性能的影响

36.1　目的和要求

（1）通过测定硬质合金在 NaCl 溶液中的 EIS 曲线、极化曲线，研究不同喷丸时间对硬质合金耐腐蚀性能的影响。

（2）论极化曲线在金属腐蚀与防护中的应用。

36.2　基本原理

当金属浸于腐蚀介质时，如果金属的平衡电极电位低于介质中去极化剂（如 H^+或氧分子）的平衡电极电位，则金属和介质构成一个腐蚀体系，称为共轭体系。此时，金属发生阳极溶解，去极化剂发生还原。在本实验中，硬质合金与 3.5%（质量分数）NaCl 溶液构成腐蚀体系。

腐蚀体系进行电化学反应时的阳极反应的电流密度以 i_a 表示，阴极反应的速度以 i_k 表示，当体系达到稳定时，即金属处于自腐蚀状态时，$i_a = i_k = i_{corr}$（i_{corr} 为腐蚀电流），体系不会有净的电流积累，体系处于一稳定电位 φ_C。根据法拉第定律，即在电解过程中，阴极上还原物质析出的量与所通过的电流强度和通电时间成正比，故可阴阳极反应的电流密度代表阴阳极反应的腐蚀速度。金属自腐蚀状态的腐蚀电流密度即代表了金属的腐蚀速度。因此求得金属腐蚀电流即代表了金属的腐蚀速度。金属处于自腐蚀状态时，外测电流为零。

极化电位与极化电流或极化电流密度之间的关系曲线称为极化曲线。测量腐蚀体系的阴阳极极化曲线可以揭示腐蚀的控制因素及缓蚀剂的作用机理。在腐蚀点位附近积弱极化区的举行集会测量可以快速求得腐蚀速度。在活化极化控制下，金属腐蚀速度的一般方程式为：

$$I = i_a - i_k = i_{corr}\left[\exp\left(\frac{\varphi - \varphi_c}{\beta_a}\right) - \exp\left(\frac{\varphi_c - \varphi}{\beta_k}\right)\right] \quad \Delta E = \varphi - \varphi_c$$

式中，I 为外测电流密度；i_a 为金属阳极溶解的速度；i_k 为去极化剂还原的速度，β_a、β_k 分别为金属阳极溶解的自然对数塔菲尔斜率和去极化剂还原的自然对数塔菲尔斜率。

令 ΔE 称为腐蚀金属电极的极化值，$\Delta E = 0$ 时，$I = 0$；$\Delta E > 0$ 时，是阳极极化，$I > 0$，体系通过阳极电流；$\Delta E < 0$ 时，$I < 0$，体系通过的是阴极电流，此时是对腐蚀金属电极进行阴极极化。因此外测电流密度也称为极化电流密度。

$$I = i_{corr}\left[\exp\left(\frac{\Delta E}{\beta_a}\right) - \exp\left(-\frac{\Delta E}{\beta_k}\right)\right]$$

测定腐蚀速度的塔菲尔直线外推法：当对电极进行阳极极化，在强极化区，阴极分支电流 $i_k=0$。

$$I = i_a = i_{corr}\exp\left(\frac{\Delta E}{\beta_a}\right)$$

改写为对数形式：

$$\Delta E = \beta_a \ln \frac{I}{i_{corr}} = b_a \lg \frac{I}{i_{corr}}$$

当对电极进行阴极极化，$\Delta E<0$，在强极化区，阳极分支电流 $i_a=0$。

$$I = -i_{corr}\exp\left(-\frac{\Delta E}{\beta_k}\right)$$

改写成对数形式：

$$-\Delta E = \beta_k \ln \frac{|I|}{i_{corr}} = b_k \lg \frac{|I|}{i_{corr}}$$

强极化区，极化值与外测电流满足塔菲尔关系式，如果将极化曲线上的塔菲尔区外推到腐蚀电位处，得到的交点坐标就是腐蚀电流（见图 5-2）。

36.3 实验主要仪器与试剂材料

CHI760E 电化学工作站 1 台，烧杯 1 个，饱和甘汞电极（参比电极）1 支，Pt 片电极（辅助电极）1 支，硬质合金 YG8（尺寸为 8m×8m×5mm），松香，分析纯氯化钠，蒸馏水，铜导线。

36.4 测量步骤

测量步骤为：

（1）将三电极分别插入电极夹的 3 个小孔中，使电极进入电解质溶液中。将 CHI760E 电化学工作站的绿色夹头夹合金电极，红色夹头夹 Pt 片电极，白色夹头夹参比电极。

（2）电化学工作站启动（见图 5-3）。依次打开电化学工作站、计算机、显示器等电源，预热 30min 后启动 CHI760E 软件。

（3）测定开路电位。点击“T”（Technique）选中对话框中“Open Circuit Potential-Time”实验技术，点击“OK”。设置参数“▒”（parameters）选择参数，Run Time 时间设定为 1000s，点击“OK”。点击“►”开始实验，测得的开路电位即为电极的自腐蚀电势 E_{corr}。

（4）测定 EIS 曲线。点击“T”（Technique）选中对话框中“A. C. impedance”实验技术，点击“OK”。初始电位（Init E）设为步骤（3）得到的值，Low Frequency 设为 0.01，其他可用仪器默认值，点击“OK”。点击“►”开始实验，得到 EIS 曲线数据。

（5）开路电位稳定后，测电极极化曲线。点击“T”选中对话框中“Tafel”实验技术，点击“OK”初始电位（Init E）设为比 E_{corr} 低“-0.5V”，终态电位（Final E）设为

比 E_{corr} 高 "1.25V"，扫描速率（ScanRate）设为 "0.005V/s"，灵敏度（sensivitivty）设为 "自动"，其他可用仪器默认值，得到极化曲线数据。

（6）采用 Origin 专业绘图软件，绘制 EIS 曲线、极化曲线。

36.5 实验结果及其分析示例

图 36-1 和图 36-2 分别是表面纳米化处理 0min、10min、15min、30min 后硬质合金 YG8 表面的 EIS 曲线、极化曲线。

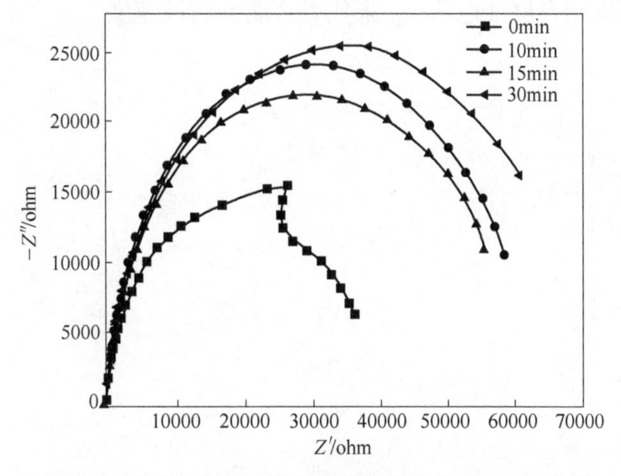

图 36-1　不同喷丸时间处理后硬质合金表面的 EIS 曲线

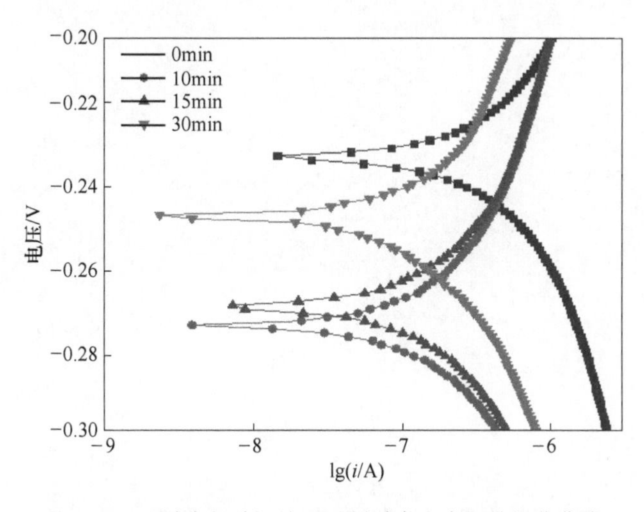

图 36-2　不同喷丸时间处理后硬质合金表面的极化曲线

从图 36-2 中可以看到，经过表面纳米化处理后，试样的曲率明显增大，说明其耐腐蚀性能显著提高，其中喷丸处理 30min 的耐腐蚀性能最好，喷丸处理 10min 的较次之，初步表明随着喷丸时间的延长，材料的耐腐蚀性能随之提高。

对于硬质合金 YG8 主要研究的是其腐蚀电流密度，自腐蚀电位只是一个腐蚀的趋势，并不表明一个实际的过程。与原样相比，表面纳米化处理后的样品的腐蚀电流密度有所增大。这种现象背后的原因可能是经过表面纳米化之后，试样表层晶粒的得到细化，晶界密度高。喷丸时间为 15min 时，样品表层有部分区域表面质量较差，导致表面纳米化后样品的耐蚀性略有所下降。而喷丸处理的样品中，30min 的样品腐蚀电流密度最小，耐蚀性最优，喷丸时间参数上为最佳。

36.6 思考与讨论

（1）解释平衡电极电位、自腐蚀电位有何不同。

（2）为什么可以用自腐蚀电流 i_{corr} 来代表金属的腐蚀速度？

参 考 文 献

[1] 贾铮，戴长松，陈玲. 电化学测量方法 [M]. 北京：化学工业出版社，2010.
[2] 努丽燕娜，王保峰. 实验电化学 [M]. 北京：化学工业出版社，2007.
[3] 刘长久，李延伟，尚伟. 电化学实验 [M]. 北京：化学工业出版社，2011.
[4] 王圣平. 实验电化学 [M]. 武汉：中国地质大学出版社，2010.
[5] 高小霞. 电分析化学导论 [M]. 北京：科学出版社，2010.
[6] 曹楚南，张鉴清. 电化学阻抗谱导论 [M]. 北京：科学出版社，2016.

附　录

附录 1　几种常用参比电极电位

参比电极	电 极 体 系	电极电位 φ/V	温度系数 r/V · ℃$^{-1}$
标准氢电极	Pt｜H_2｜H^+（$a_H^+=1$）	0. 000	—
饱和甘汞电极	Hg｜Hg_2Cl_2，KCl（饱和）	0. 2412	-7.6×10^{-4}
1mol/L 甘汞电极	Hg｜Hg_2Cl_2，KCl（1mol/L）	0. 2801	-2.4×10^{-4}
0. 1mol/L 甘汞电极	Hg｜Hg_2Cl_2，KCl（0. 1mol/L）	0. 3337	-7×10^{-5}
氯化银电极	Ag｜AgCl，KCl（0. 1mol/L）	0. 290	-6.4×10^{-4}
氧化汞电极	Hg｜HgO，NaOH（0. 1mol/L）	0. 165	—
硫酸亚汞电极	Hg｜Hg_2SO_4，H_2SO_4（1mol/L）	0. 6141	-8.02×10^{-4}

注：温度校正公式为 $\varphi_t = \varphi_{25℃} + r(T-293)$，其中 T 为开尔文温度，单位为 K。

附录 2　25℃下常用电极反应的标准电极电势

反　　应	$E^{\ominus}$(vs. SHE)/V	反　　应	$E^{\ominus}$(vs. SHE)/V
$Li^+ + e \rightleftharpoons Li$	-3.045	$AgI + e \rightleftharpoons Ag + I^-$	-0.1522
$K^+ + e \rightleftharpoons K$	-2.925	$Sn^{2+} + 2e \rightleftharpoons Sn$	-0.1375
$Ba^{2+} + 2e \rightleftharpoons Ba$	-2.92	$Pb^{2+} + 2e \rightleftharpoons Pb$	-0.1251
$Ca^{2+} + 2e \rightleftharpoons Ca$	-2.84	$Pb^{2+} + 2e \rightleftharpoons Pb(Hg)$	-0.1205
$La(OH)_3 + 3e \rightleftharpoons La + 3OH^-$	-2.80	$MnO_2 + 2H_2O + 2e \rightleftharpoons Mn(OH)_2 + 2OH^-$	-0.05
$Na^+ + e \rightleftharpoons Na$	-2.714	$2H^+ + 2e \rightleftharpoons H_2$	0.000
$Mg(OH)_2 + 2e \rightleftharpoons Mg + 2OH^-$	-2.687	HgO(红)$ + H_2O + 2e \rightleftharpoons Hg + 2OH^-$	0.0977
$Mg^{2+} + 2e \rightleftharpoons Mg$	-2.356	$Cu^{2+} + e \rightleftharpoons Cu^+$	0.159
$Al(OH)_3 + 3e \rightleftharpoons Al + 3OH^-$	-2.310	$AgCl + e \rightleftharpoons Ag + Cl^-$	0.2223
$Be^{2+} + 2e \rightleftharpoons Be$	-1.97	$Hg_2Cl_2 + 2e \rightleftharpoons 2Hg + 2Cl^-$(饱和 KCl)	0.2415
$Al^{3+} + 3e \rightleftharpoons Al$	-1.67	$Hg_2Cl_2 + 2e \rightleftharpoons 2Hg + 2Cl^-$	0.26816
$U^{3+} + 3e \rightleftharpoons Y$	-1.66	$Cu^{2+} + 2e \rightleftharpoons Cu$	0.340
$Ti^{2+} + 2e \rightleftharpoons Ti$	-1.63	$Ag_2O + H_2O + 2e \rightleftharpoons 2Ag + 2OH^-$	0.342
$HPO_3^{2-} + 2e + 2H_2O \rightleftharpoons H_2PO_2^- + 2OH^-$	-1.57	$Fe(CN)_6^{3-} + e \rightleftharpoons Fe(CN)_6^{4-}$	0.3610
$Mn(OH)_2 + 2e \rightleftharpoons Mn + 2OH^-$	-1.56	$O_2 + 2H_2O + 4e \rightleftharpoons 4OH^-$	0.401
$Cr(OH)_3 + 3e \rightleftharpoons Cr + 3OH^-$	-1.33	$NiO_2 + 2H_2O + 2e \rightleftharpoons Ni(OH)_2 + 2OH^-$	0.490
$ZnO_2^{2-} + 2H_2O + 2e \rightleftharpoons Zn + 4OH^-$	-1.285	$Cu^+ + e \rightleftharpoons Cu$	0.520
$Zn(OH)_2 + 2e \rightleftharpoons Zn + 2OH^-$	-1.245	$I_2 + 2e \rightleftharpoons 2I^-$	0.5355
$TiF_6^{2-} + 4 \rightleftharpoons Ti + 6F^-$	-1.191	$MnO_4^- + e \rightleftharpoons MnO_4^{2-}$	0.56
$Mn^{2+} + 2e \rightleftharpoons Mn$	-1.18	$Hg_2SO_4 + 2e \rightleftharpoons 2Hg + SO_4^{2-}$	0.613
$V^{2+} + 2e \rightleftharpoons V$	-1.13	$2AgO + H_2O + 2e \rightleftharpoons Ag_2O + 2OH^-$	0.640
$Cr^{2+} + 2e \rightleftharpoons Cr$	-0.90	$O_2 + 2H^+ + 2e \rightleftharpoons H_2O_2$	0.695
$2H_2O + 2e \rightleftharpoons H_2 + 2OH^-$	-0.828	$Fe^{3+} + e \rightleftharpoons Fe^{2+}$	0.771
$Cd(OH)_2 + 2e \rightleftharpoons Cd + 2OH^-$	-0.824	$Hg_2^{2+} + 2e \rightleftharpoons 2Hg$	0.7960
$Zn^{2+} + 2e \rightleftharpoons Zn$	-0.7626	$Ag^+ + e \rightleftharpoons Ag$	0.7991
$Co(OH)_2 + 2e \rightleftharpoons Co + 2OH^-$	-0.733	$ClO^- + H_2O + 2e \rightleftharpoons Cl^- + 2OH^-$	0.890
$Ni(OH)_2 + 2e \rightleftharpoons Ni + 2OH^-$	-0.72	$2Hg^{2+} + 2e \rightleftharpoons Hg_2^{2+}$	0.911
$Ag_2S + 2e \rightleftharpoons 2Ag + S^{2-}$	-0.691	$Pd^{2+} + 2e \rightleftharpoons Pd$	0.915
$Ga^{3+} + 3e \rightleftharpoons Ga$	-0.52	$Pt^{2+} + 2e \rightleftharpoons Pt$	1.188
$U^{4+} + e \rightleftharpoons U^{3+}$	-0.52	$O_2 + 4H^+ + 4e \rightleftharpoons 2H_2O$	1.229
$H_3PO_2 + H^+ + e \rightleftharpoons P + 2H_2O$	-0.508	$MnO_2 + 4H^+ + 2e \rightleftharpoons Mn^{2+} + 2H_2O$	1.23
$Ni(NH_3)_6^{2+} + 2e \rightleftharpoons Ni + 6NH_3$	-0.476	$Tl^{3+} + 2e \rightleftharpoons Tl^+$	1.25
$S + 2e \rightleftharpoons S^{2-}$	-0.447	$Cl_2(g) + 2e \rightleftharpoons 2Cl^-$	1.3583
$Fe^{2+} + 2e \rightleftharpoons Fe$	-0.44	$Au^{3+} + 2e \rightleftharpoons Au^+$	1.36
$Cr^{3+} + e \rightleftharpoons Cr^{2+}$	-0.424	$PbO_2 + 4H^+ + 2e \rightleftharpoons Pb^{2+} + 2H_2O$	1.468
$Cd^{2+} + 2e \rightleftharpoons Cd$	-0.4025	$Mn^{3+} + e \rightleftharpoons Mn^{2+}$	1.5
$Ti^{3+} + e \rightleftharpoons Ti^{2+}$	-0.37	$MnO_4^- + 8H^+ + 5e \rightleftharpoons Mn^{2+} + 4H_2O$	1.51
$PbSO_4 + 2e \rightleftharpoons Pb + SO_4^{2-}$	-0.3505	$Au^{3+} + 3e \rightleftharpoons Au$	1.59
$Tl^+ + e \rightleftharpoons Tl$	-0.3363	$PbO_2 + SO_4^{2-} + 4H^+ + 2e \rightleftharpoons PbSO_4 + 2H_2O$	1.698
$Tl^+ + e \rightleftharpoons Tl(Hg)$	-0.3338	$Ce^{4+} + e \rightleftharpoons Ce^{3+}$	1.72
$Co^{2+} + 2e \rightleftharpoons Co$	-0.277	$H_2O_2 + 2H^+ + 2e \rightleftharpoons 2H_2O$	1.763
$Ni^{2+} + 2e \rightleftharpoons Ni$	-0.257	$Au^+ + e \rightleftharpoons Au$	1.83
$V^{3+} + e \rightleftharpoons V^{2+}$	-0.255	$Co^{3+} + e \rightleftharpoons Co^{2+}$	1.92
$Mo^{3+} + 3e \rightleftharpoons Mo$	-0.20	$O_3 + 2H^+ + 2e \rightleftharpoons O_2 + H_2O$	2.075
$CuI + e \rightleftharpoons Cu + I^-$	-0.182	$\frac{1}{2}F_2 + H^+ + e \rightleftharpoons HF$	3.053